图解地球科普

ZHAO BU HUI LAI DE XING ZONG 王连河◎编著

找不回来的行踪

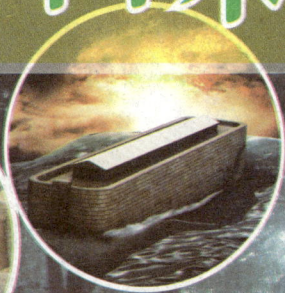

吉林出版集团股份有限公司 | 全国百佳图书出版单位

前言
PREFACE

　　蛟龙号深潜7000多米，到地球最深处寻找深藏的秘密。海底可燃冰的成功采样，预示着人类有取之不竭的新能源。地球是我们人类赖以生存的摇篮，但地球上的许多现象令我们费解，百慕大的灾难、通古斯的爆炸、撒哈拉的绿洲，以及那许多神奇的现象，使我们对熟悉的地球感到陌生。我们须漫游地球，重新认识地球，解剖地球。

　　沧海横流，浪花飞腾，那是我们雄心壮志的象征。我们尽情巡航，寻觅蕴藏的奥秘和宝藏。那霞光万丈的朝阳，就是我们金色的彼岸；那劈波斩浪的呼呼海风，就是我们凯旋的歌唱。

　　是的，地球所隐藏的奥秘，那简直是无穷无尽。从地表到地核、从沙漠到海洋、从高山到河流、从探险到失踪、从灾难到灭绝，真是无奇不有。怪事迭起，奥妙无穷，神秘莫测，许许多多的难解之谜简直不可思议，使我们对自己的生存环境捉摸不透。破解这些谜团，将有助于我们人类社会向更高层次不断迈进。

　　地球奥秘是无限的，科学探索也是无限的，我们只有不断拓展更加广阔的生存空间，发现更多的丰富宝藏，破解更多的奥秘

现象，才能使之造福于我们人类的文明，我们人类社会才能不断获得发展。

为了普及科学知识，激励广大读者认识和探索地球的无穷奥妙，我们根据中外最新研究成果，特别编辑了本套丛书，主要包括地学、地球、地理、海洋、探险、失踪、灾难、灭绝等方面的内容，具有很强的系统性、科学性、可读性和新奇性。

总之，地球是目前人类所知宇宙中唯一存在生命的天体，我们是地球的精灵，我们必须认识地球、爱护地球，形成保护地球家园的意识，以回报地球母亲的无限恩赐。

图解地
球科普

目 录
CONTENTS

诡秘神奇的失踪事件

消失的村庄之谜

一个人的消失也许是种偶然，那一个拥有2000名男女老少的村子的消失又如何解释呢？1930年11月，捕兽者、皮毛贩子乔·拉比勒穿着雪鞋艰难前行，他正去往坐落于加拿大北部一条

河岸上的村落。

　　拉比勒对那村子非常熟悉，他知道那里有2000名村民以捕鱼为生。然而当他到达时那村子不见了。所有的草棚和石屋都不复存在，只剩下一堆焖火和一锅烹调好的食物。

　　拉比勒立即向当地政府报告，人们便开始进行调查，发现了一些怪异的事情：假设那些村民是集体迁移，却没有任何脚印留下；村子里的狗都已饿死并被埋葬在一个12米高的雪堆下；村民的食物和存粮仍旧好好地待在谷仓中。最后一个让人们惊恐的发现便是：村落所有人的祖坟都被一扫而光。

石砌建筑的神秘消失

在英国，一座由石头砌成的神秘建筑于1971年8月意外失踪。当时，这座建筑还没受到应有的保护。

一个特别的晚上，一群嬉皮士决定在那石头群所围成的圈里安营扎寨。他们生起篝火，烧了几壶酒，围坐在一起抽烟、唱歌。他们的联欢在午夜时因一阵突袭索尔兹伯里原野的暴风骤雨而被迫中止。一道耀眼的闪电劈了下来，劈倒了那里的树木，甚至劈开了石头。

一个农民和一位警察声称，他们看到那些被认为是古迹的石头燃烧了起来，发出怪异的蓝光，那道光太刺眼了，使他们无法再看下去。他们听到了野营者的尖叫声，便冲过去试图寻找受伤

的，甚至身亡的遇难者。

但是等他们到达营地后，眼前的景象令他们瞠目结舌，那里根本就没有人。石头圈中只剩下一些用来固定帐篷的桩子和篝火烧过的灰渣。嬉皮士们消失得无影无踪。

外交官神秘失踪之谜

英国一名外交官于1809年神秘失踪。当时，他和同伴结束了在奥地利法庭的工作，正在返回汉堡的途中。

路上，他们在佩勒贝格的一家小旅店里歇脚吃饭。饭后，他们回到马车旁。外交官的同伴眼睁睁地看到，他在走到车前检查马的情况时，瞬间消失得无影无踪。

瘫痪者失踪之谜

一位老人因严重中风而瘫痪在床。1763年6月，他像往常在每个暖和的晚上所习惯的那样，坐在妹妹家外面休息。

因为行动不便，这位60岁的老人穿着睡衣，坐在叠好的大衣上，对面有一个农场，农民们正在扬撒干草，结束了一天的工作。

大约在19时左右，因为即将有暴风雨到来，老人的妹妹和一个邻居一起出来接老人回家。

但老人不见了，只留下了那件叠好的大衣。虽然关于老人

神秘失踪事件的调查是在1933年才开始的，但人们找到了几乎所有可以证明此事的蛛丝马迹。

群岛灯塔卫士之谜

1900年12月，3名灯塔卫士在他们的执勤岗位上消失，只剩下当时在那里的用于侦察敌情的重要设备。

虽然人们进行了彻底搜查，但3名卫士仍旧杳无音信。官方对此的解释是：士兵们被巨浪卷入海中了。

本宁顿三角之谜

在1920年至1950年期间，美国的本宁顿和佛蒙特成为了诸多无法解释的失踪事件的发生地。

1949年12月1日，泰福德先生在一辆拥挤的巴士上突然消失。那时，他由佛蒙特旅行归来，正在返回本宁顿的路上。泰福德是一名退

伍军人，住在本宁顿的退伍军人收容所里。

事发时，他和14名其他的乘客一起坐在巴士里，他们都可以证明看到他正在座位上熟睡。然而，当巴士到达终点站时，泰福德的行李仍旧在行李架上，他人却不见了，座位上只留着一份翻开的汽车时刻表。

1946年12月1日，一位名叫普拉的18岁学生走着走着突然失踪。事发时，普拉正沿着一条蜿蜒曲折的小径走进位于佛蒙特的一座小山。

一对在她后面约100米处散步的中年夫妇看到了她。当她沿着

小路绕过一块突出的岩石时暂时从他们的视野中消失了，但当他们自己绕过那岩石后，发现普拉彻底不见了。从此，再没有人见过或听到过普拉的消息。

拓 展 阅 读

　　1950年11月中旬，美国的8岁的保罗·吉普森在农场上消失。保罗的妈妈，以担任动物看管员维持生计。当她去照顾那些动物时，留下她的儿子在一个猪圈附近快乐地玩耍。虽然只是一小会儿，但当她回来时儿子已经不见了。人们搜遍了整个农场都无济于

真假难辨的时空隧道

迷雾中消失不见的汽车

1968年6月1日深夜，两辆高级轿车在南美洲阿根廷首都布宜诺斯艾利斯市郊疾驰着。6月在南美洲是冬季渐渐降临的季节，然而，阿根廷的滨海地区都几乎没有经历过严冬。

　　那里离赤道的距离与东京相仿，可是，在最寒冷的7月，平均气温也保持在10度。而在盛夏的1月，也难得有达到25度的日子。这或许是大西洋海洋流起了调节气温的作用所致。

　　这天夜里，两辆轿车疾驰着，浓雾正笼罩着四野。后面车上坐着布宜诺斯艾利斯的律师盖拉尔德·毕达尔博士和他的妻子拉弗夫人，前面车上坐着的夫妻两人是他们的朋友。

　　为了探望熟人，他们由布宜诺斯艾利斯南面的查斯科木斯市，向南150千米的买普市，彻夜驱车而行。不知是因为前面的车速度太快了，还是由于博士夫妇的车发动机有点毛病，两辆轿

车的距离渐渐拉开了。

　　前面的车临近买普市郊时，两人回首顾望，后面是浓雾迷漫，什么也看不见，于是，他们决定停车等候后面的博士夫妇。可是，等了半小时、一小时，迷雾中依然茫无所见。道路平坦而无分叉，他们心中狐疑，转回车头来寻望。

　　然而，既没有车相会，也没有车停在路旁，甚至连出了故障或破损的车的碎片都没有见到。就是说，博士夫妇乘坐的车在公路上奔驰的途中，忽然化作云烟消失了。

毕达尔夫妇竟然在墨西哥

自翌日起，毕达尔夫妇的亲戚朋友们全体出动，找遍了查斯科木斯市与买普市之间。然而，道路东西两边，在广袤无垠的地平线上，不论是人还是车，连影子都不曾见到。

两天过去了，正当他们准备报警时，一个人从墨西哥打来了长途电话，电话说："我们是墨西哥城的阿根廷领事馆，有一对自称是毕达尔律师夫妇的男女正在我们保护中。您认识他们吗？"

人们接到这个电话很是诧异，于是请毕达尔本人来通电话，一听，果真是失踪的毕达尔博士的声音。这就是说，博士夫妇6月

3日确实是在墨西哥城。

是什么把他们送到墨西哥的

博士夫妇不久被送回了阿根廷，据说，博士们坐的车离开查斯科木斯市不久，大约夜里0时10分，车前突然出现白雾状的东西，一下子把车包围了。他们惊慌中踩下刹车，不一会儿，便麻木失去了知觉。

不知过了多少时间，两人几乎同时苏醒过来。这时已是白天，车在公路上行驶着。可是，车窗外面的景色与阿根廷的平原已迥然不同了，行人的服装也多未曾见过。

　　他们急忙停下车来打听，原来这里竟然是墨西哥！他们感觉很诡异，跑进阿根廷领事馆求助。他们惊魂稍定后才知道，他们的表在他们失去知觉的时刻已经停住了，而跑进领事馆则是6月3日了。

　　由阿根廷的查斯科木斯市到墨西哥城，直线距离也在6000千米以上。即便利用了船舶、火车和汽车之类，要在两日内抵达也是断无可能的。

　　若只是人，还可以认为是乘飞机飞去的，可是，连轿车一起

在墨西哥出现了，这怎么说也是件怪事。然而，阿根廷驻墨西哥领事拉伐艾尔·贝尔古里证实说："此事是真实的。"

时间隧道真的存在吗

美国物理学家斯内法克教授认为，在空间存在着许多一般人用眼睛看不到的、然而却客观存在的时空隧道，历史上神秘失踪的人、船、飞机等，实际上是进入了这个神秘的时空隧道。

有的学者认为，时空隧道可能与宇宙中的黑洞有关。黑洞是人眼睛看不到的吸引力世界，然而却是客观存在的一种时空隧道。

人们一旦被吸入黑洞中，就什么知觉也没有了。当他回到光明世界时只能回想起被吸入以前的事，而对进入黑洞遨游无论多长时

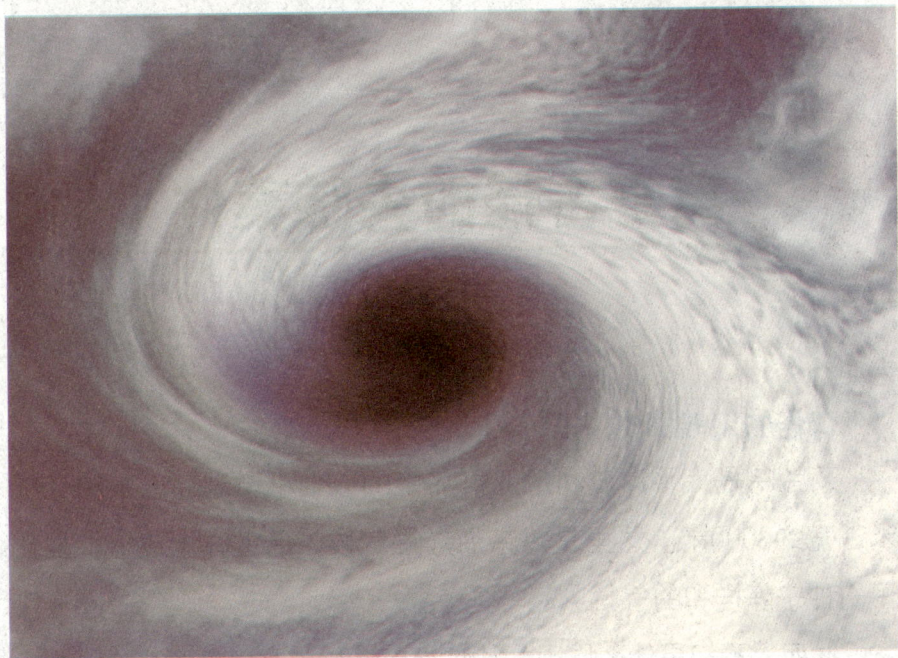

间，都一概不知。

世界上真的存在时空隧道吗？时空隧道里的时间及距离和我们现在的认知有何不同？人们能不能掌握并运用这种空间技术，造福人类呢？

拓 展 阅 读

假设时空隧道是真实存在的话，或许可以让人联想到UFO，是否就是通过某种奇特的媒介进入了我们的生活。当然，这只是一个假设，能否成为解释许多人员、飞机、船只离奇失踪的原因难下定论。

离奇古怪的失踪案件

奇怪的海难事故

豪兰岛是太平洋波利尼亚群岛中的一个小珊瑚岛，长约4000米，宽约3000米。这里是热带海洋性气候，岛上林木茂盛，显出了一种宁静祥和的气氛。

然而，不知是什么原因，从1925年开始，豪兰岛竟变成了一个莫测的岛屿，离奇古怪的海难事故接踵不断，令人感到困惑不解。

　　1937年6月，赫赫有名的"飞行女神"、航空界红极一时的阿米尼亚·伊尔哈特小姐宣布，她决定驾驶"艾里克特号"飞机做一次横跨太平洋的飞行，飞行路线是从新几内亚伊里安岛的莱城途经豪兰岛，最后到达夏威夷。

　　在当时，这条航线连男性飞行员都不敢尝试，何况豪兰岛海域是海难频发的"魔区"。因而，伊尔哈特小姐横渡太平洋的飞行计划引起了社会各界的极大关注，美国有关当局得知这一消息后，决定把在豪兰岛上空的部分测航任务委托她去完成，伊尔哈特小姐非常愉快地接受了这一任务。

横跨太平洋的准备

　　阿米尼亚·伊尔哈特的飞行计划在开始阶段进行得非常顺利。等到6月下旬，她已完成了大部分试验飞行科目。在进入太

平洋后，伊尔哈特小姐决定在新几内亚的莱城休整几天，为横渡
太平洋养精蓄锐。经过数日的休养，阿米尼娅·伊尔哈特已恢复
了精力，她决定于7月3日从莱城起飞，进行中途不着陆的4200千
米连续飞行，直抵豪兰岛，刷新她于1935年创造的3700千米的飞
行记录。但此次出师不利，正当她准备驾机起飞时，天气突然变
坏，她不得不推迟起飞时间。

7月4日，天气晴朗，是飞行员们所盼望的大好天气。9时整，
伊尔哈特小姐从莱城机场起飞，在空中绕了一圈后就朝豪兰岛方
向飞去。飞到1000千米时，机场和她进行了通话，当时还是一切
正常。

伊尔哈特遇到什么了

当阿米尼娅·伊尔哈特的飞机离豪兰岛只有一个小时的航程
时，突然传来了伊尔哈特小姐惊恐不安的呼叫：她的飞机飞进了

一种类似海绵体的物体里，这既不是天空，也不是海水，而是一种莫名其妙的混合物，有一股强大的磁场。

伊尔哈特小姐报告道："我的飞机遇到了浓雾，又像是急剧向上升腾的蒸汽。我仍然看不见陆地……我的位置在豪兰岛以西约160海里……机上的汽油只够飞行半小时……"

后来，干扰声越来越大，豪兰岛机场上的报务员也越来越听不清了。到了11时20分，伊尔哈特与豪兰岛之间的电讯就完全中断了。

意外来得如此突然，使豪兰岛机场上的人们一片焦虑不安。这时，豪兰岛机场上的指挥官命令一群士兵把几个汽油筒点燃，以便让伊尔哈特小姐能够看见这片陆地。烈焰顿时将豪兰岛的天空映得通红，人们仰望天空，空中什么东西也没有，连一只小鸟也没有看到。豪兰岛机场上的一架军用飞机向伊尔哈特最后发出

信号的那个海域上空飞去，也一无所获地返回了机场。这时，大家都已意识到，可悲的事情已经发生，阿米尼娅·伊尔哈特小姐真的出事了。

全力搜救竟一无所获

豪兰岛上的美军机场立即向夏威夷报警，并向在豪兰岛海域航行的所有船只发出了求救信号。

7月4日深夜23时许，一艘英国巡洋舰"埃齐勒断号"，突然收到一微弱的呼救信号，尽管报务员已竭尽全力，企图与这个信号取得联系，但呼救信号很快消失了。然而，这突如其来的信号，无疑为搭救阿米尼娅·伊尔哈特提供了一线希望。

7月5日早晨，太平洋舰队首先从珍珠港抽调出15艘驱逐舰

和巡洋舰，随后又调动了巨大的航空母舰"列克星敦号"、战舰"科罗拉多号"和"亚利桑那号"，组成了一支庞大的搜索舰队。同时，美国政府还向这一地区的国家发出帮助寻找女飞行员的请求。

7月6日20时许，法国的海洋调查船"联盟号"，抵达豪兰岛海域女飞行员失踪的海区，参加海上援救，并立即发出了呼叫联络信号。到了夜间23时，"联盟号"突然收到干扰很强的呼救信号，他们只能听清"我是K·H·A·Q"。

与此同时，豪兰岛机场也收到了这个信号。报务员立即呼叫："伊尔哈特小姐：请告诉你现在的位置。"

"我在一个岛上，我的飞机在海上漂浮。"

当人们隐隐约约地听完这些回音之后，强大的干扰波再次淹没了"艾里克特号"的信号。

来自伊尔哈特的回音

同一天，辛辛那提和洛杉矶两地的几个业余无线电爱好者，也曾隐约地听到了伊尔哈特小姐求救的电讯，其中有两组数字：179和16。经飞行专家们分析，这两组数字应该是经度与纬度。但一经组合起来就有4种可能。但豪兰岛在赤道以北，为西经178度15分，北纬14度20分。营救者决定，把搜索目标集中到西经179度，北纬16度和东经179度，北纬16度附近。

搜索舰队在几十架飞机的配合下，夜以继日地在这两个区域

搜索着。虽然天气晴朗，大海一片微波荡漾，非常有利于海上搜索营救行动，但他们没有发现任何目标。

极为令人费解的是，求救信号依然时有时无。7月9日，"联盟号"又给"艾里克特号"发出呼叫信号："如果你身体健康并且在陆上，请发出4长声。"

在"联盟号"一遍又一遍地重复呼叫中，终于得到了响应。15时35分，"联盟号"收到了三长一短的回音信号。

这究竟是什么意思？是否说，伊尔哈特小姐的身体良好，但不在陆上？营救者仍不解这三长一短回音的含意。"联盟号"继续发出呼叫信号，收到的仍旧是相同的回答，夏威夷电台和旧金

山的贝壳电台也都收到了同样的电讯。

伊尔哈特到底在哪里

据此，营救人员便想出了一个确定位置的方法，即在豪兰岛、旧金山和夏威夷同时用无线电测向器测定伊尔哈特小姐发电讯的神秘位置，然后通过几何作图法在地图上标出这3条直线，这3条直线的交点就是她所在的位置。

果然，伊尔哈特小姐求救信号于7月10日再次出现，3个地方的无线电测向器同时抓住目标，结果发现交汇点就在豪兰岛以北约500千米的海面。

事实上，这个海区已经被搜寻了好几遍，而且在接到电讯的当时，他们既没有发现这个海区的任何漂浮物，也没有监听到所发出的求救信号。营救人员坠入云里雾里，整个搜索舰队全部陷入茫然之中。

7月10日下午，已经过了一个星期，远征的"列克星敦号"航

空母舰也赶到了伊尔哈特小姐出事的海域，由美国海军准将墨芬坐镇指挥，他立即下令再次投入大规模的搜索救助行动。数十架飞机在海上轮番不停地巡逻了两天两夜，这位女飞行员的行踪仍杳无音讯。伊尔哈特小姐到底在什么地方？那些使人发疯的呼救信号到底意味着什么？这使墨芬海军准将烦恼不已。

可在7月12日早晨，副官托马斯·门罗突然闯进了墨芬将军的办公室，他报告了一个激动人心的消息，法国人发现了伊尔哈特发出的烟火。

事情的经过是这样的，这天早上7时35分，"联盟号"的瞭望哨突然看到了右舷10000米海面有一团橘黄色的烟火升起，瞭望哨立即把这个新发现报告给船长苏纳斯。

令人诧异的海天大闪电

苏纳斯船长闻讯后，立即向"列克星敦号"发出了电报，指挥"联盟号"全速向目标驶去，并不间断地发出呼叫信号。然而，"联盟号"最后还是送来了令人沮丧的消息：橘黄色的烟火不但对他们的呼叫置之不理，而且总是距离"联盟号"10千米左右，逃避营救者的追踪。

在跟踪了近两个小时后，这团烟火突然升空而起，在30多米高的空中，像幽灵般地旋转了几下，一声巨响，一道海天大闪电后，它就在众目睽睽之下消失了。船上的法国人全懵了，难道这是天外来客飞碟所为？

几十年过去了，由于不断发现伊尔哈特的遗物以及崇拜者的集会活动，特别是小维基在1994年重现了她当年横渡大西洋的

航线，又引起人们对这位20世纪30年代的"飞行女神"深深的怀念，以及对这神秘的世纪之谜的重新猜测。

伊尔哈特在豪兰岛遇到了什么情况？为什么她会被吸进这片磁场？是这片磁场之前造成的离奇古怪的海难导致的吗？

拓 展 阅 读

调查人员已经在埃尔哈特失踪地点附近的一个无人荒岛上发现了一小截手指遗骨，以及一把刀、几个美国瓶子和一个女性粉盒化妆品。研究人员相信，埃尔哈特当年坠机后可能存活了下来，然而由于荒岛上没有可饮用淡水，最后埃尔哈特仍然渴死在了荒岛上。

诡异的科学家失踪案

科学家彭加木失踪

1980年6月5日，考察队在彭加木的率领下，由北向南纵贯干涸的湖底，终于按计划到达本次考察的终点米兰，打开了罗布泊的大门。史无前例的纵贯罗布泊湖底的任务，首先被中国科学考

察队胜利完成。他们是中国科学院新疆分院的汪文先、马仁文、阎鸿建、沈观星、陈百泉、司机陈大华、王万轩、包纪才和驻军某部队的无线电发报员肖万能。

6月11日，完成纵贯罗布泊任务的考察队在米兰农场小憩后，即准备沿古丝绸之路南线再次横贯罗布泊地区，然后取道敦煌去乌鲁木齐，以结束这次两个多月的野外考察工作。

6月16日14时许，考察队来到库木库都克以西8000米处。此时，车上所带的汽油和水都几乎耗尽，按计划还有400千米路程。经讨论，他们决定就地找水。当天下午没找到。晚上，开会决定，向当地驻军发电求援。彭加木亲自起草了电报稿："我们缺水和油，剩下

的水和油只能维持至明天。"

　　彭加木起先并不同意发电报求援，只希望自己找水。因为当时向当地驻军求援送水的话要用去大约7000元的资金，这在当时是一笔庞大的数目，最后在大家的压力下才同意发出电报，但内容不是要水，而是汇报了当时他们严重缺水的情况。

　　6月17日上午9时，部队回电同意援助物资，并要求提供营地坐标。

　　13时，考察队的司机王万轩到车里取衣服时，在一本地图册里发现一张纸条，看后不由大吃一惊："我往东去找水井。彭。6

月17日10时30分。"

　　彭加木冒着50多度的高温单人找水，不幸失踪。

搜寻行动

　　1980年11月初，根据中国科学院党组的指示，为了平息社会上的谣言风波，要再一次寻找彭加木。第四次进入罗布泊的队伍，由中国科学院新疆分院、新疆军区独立五团、通信兵部队、汽车团和兰州部队等8个单位共69人组成，配备大小越野汽车18辆。

　　彭加木的夫人夏叔芳随队住在敦煌指挥部。彭加木的儿子彭海以及上海生物化学研究所办公室的同志随队前往现场帮助寻

找。为了保障寻找队伍绝对安全，第四次寻找队在敦煌建立指挥所，敦煌指挥所与寻找分队保持无线电联系；发生紧急情况时的救援，由军区空军指挥所临时派出飞机担任；有关空地联络信号等也作了明确规定。

队伍由14名科技人员、15名解放军战士、7名通信报务人员、20名司机、4名测工、9名后勤联络人员共69人组成。军区和分院抽调水罐车、油罐车、电台车、物资装备车、吉普车共18辆，携带电台3部、帐篷6顶、行军锅2个、信号枪2支、信号弹4个基数和大量生活用品。

队伍从11月10日由敦煌进入罗布泊地区至12月20日撤出，前后共计41天。寻找地区以彭加木失踪前的宿营地，即库木库都克和脚印消失处为中心，沿疏勒河故道，西起吐牙以西6000米，东

至科什库都克，南北宽10000米至20千米，总共寻找面积为1011平方千米，直接参加这次寻找的有1029人次，平均每人每天寻找近一平方千米。

第四次寻找工作分为4个阶段进行：第一阶段是从彭加木脚印消失处的东北面开始至"八一井"以西地区，寻找3天；第二阶段是脚印消失处的北面和西北面，即从"红八井"至"红十井"地区，寻找7天；第三阶段是脚印消失处的南面和西南面，即从库木库都克至吐牙以西6000米和以东10000米的地方，寻找9天；第四阶段是脚印消失处的东面和东南面，即从羊塔克库都克至科什库都克，寻找12天。

彭加木哪里去了

病发说法。彭加木曾身患癌症，直至在罗布泊失踪，癌症一直没从他身上消失。彭加木当年的队友判定，可能在他找水过程中，因旧病复发体力不支昏倒，被风沙埋没。

但他家人却极力反对这种说法。许多亲友认为，彭加木虽然带癌症生活了20年，但他性格乐观，很注意锻炼身体，意志也很强。怎么可能突然身体衰竭？

泥沼说法。罗布泊以前有盐湖，会不会存在被流沙掩盖的泥沼？有人猜测，彭加木可能在找水途中迷路，陷入了沼泽。但当年随同彭加木考察的队员提出反对意见：库木库都克一带干旱缺水，就连偌大的罗布泊也全部干涸，结成坚硬的盐壳，人怎么可能陷进去？

　　猛兽说法。据资料记载，彭加木失踪后，搜寻部队在敦煌一带曾发现地上有白色狼粪。有人据此推测，彭加木有可能是独自外出时碰到了狼群。但当年参加过大搜寻的人仍持否定意见，罗布泊有狼，但彭加木失踪那一带区域，只有骆驼、黄羊和野兔。

　　迷途说法。"死亡之海"罗布泊地形单调，风沙很大，有人推测彭加木是在找水那天迷失方向的，找不到宿营地，在避风遮阳处休息时被沙尘掩盖。有关气象站资料显示，1980年6月16日至17日，当地确实刮过大风。但也有人认为，这种说法低估了彭加木作为一个有丰富经验、对罗布泊有深刻了解的科学家的野外生存能力。

　　掩埋说法。在库木库都克附近地区，分布着大量雅丹土包，

这些土包由坚硬的黏土层和疏松的细沙层组成，受风的吹刮，经常发生崩坍。

有人推测，彭加木那天外出时，可能为了防止太阳暴晒或躲避风沙，到雅丹土包处藏身休整，被崩坍物掩埋。然而，反对者的理由和"迷途说法"的相似，认为彭加木应该了解雅丹土包的危险而设法避开。

劫持说法。有人怀疑彭加木被敌特劫持或杀害，最有可能被劫往离此较近的苏联。虽然不能绝对排除这一点，但当年参与搜索的空军官兵认为，那里荒无人烟，气温高达50多度，特务在这里活动的可能性并不大。

外星人说法。彭加木突然神秘失踪，多次拉网式搜索都难觅踪迹，有人突发奇想，认为是神秘的外星人作怪，绑架了他。对于这个最富想象力的说法，有人认为滑稽，也有人认为不能排除其可能性。

30多年前，彭加木神秘失踪，生命信息中断于"死亡之海"。从此开始，对于彭加木生死下落的推测众说纷纭，并且从没中断过。然而每一种解释都有相信者，也都有质疑者。直至目前，依然没有揭开事实真相神秘的面纱……

拓 展 阅 读

2010年4月14日，为追忆彭加木失踪30年，中科院新疆分院代表、黑豹科考探险队员以及大学生代表在彭加木墓碑前举行纪念仪式。当日，中科院新疆分院代表与黑豹科考探险队队员等20余人在位于罗布泊附近库姆塔格沙漠的彭加木墓碑前举行祭扫活动。

夜空中重现过去战争

耳朵听到的战争

1951年，诺顿太太和朋友在度假结束准备返回伦敦的时候，经历了一生中最不可思议的事情，她们竟然听到了9年前发生在当地的战争。

1951年，诺顿太太等一行5人来到法国海边的一家小旅馆度假。8月4日凌晨，他们一行人中的两名女子，被一阵猛烈的炮火声吵醒了，她们看了看手表，指针正对着早上4时20分。她们从床

上冲向阳台，想要找到炮声的来源。

　　她们仔细地观察着通往海边小路在夜色中模糊不清的轮廓，却始终没有看到有什么不平常的事情发生。没有来往的车辆，没有军队，没有炮火，什么都没有，只有黑暗的屋顶和寂静的夜空。

　　然而，耳边的炮声又是真实存在的，而且战斗也越来越猛烈。耳边战士的喊叫声在逐渐增高，还有一架架飞机在夜空中怒号，并不时伴有呼啸而来的一颗颗炮弹。

　　耳边的战争仍在继续，其中一个女士曾在部队当过兵，她很快从惊恐中缓过神来，对照着自己的手表，按顺序将听到的战争的全过程记录了下来。

　　科学家们经过对她们记录的战争声音调查后发现，她们所听

到的枪炮声、飞机轰鸣声等，正是9年前发生在这里的一场战争的再现，而这两个妇女所住的地方，是靠近达埃比港的一个沿海村子，这里曾是当年3个登陆点中的一个。

这两名英国妇女并没有参加过那场战斗，当时也没有留下任何现场录音，她们虽然听说过有关的故事，但绝不可能看到过极为机密的军事记录。那么，为什么她们居然在9年后在当年登陆的地方，听到同那场残酷战斗如此相符的声音呢？

发生在我国的历史重现

类似的怪事在我国也曾经发生过几起。在我国河北省山海关附近的某地，也曾发生过类似怪事。一天夜晚，露宿在森林开阔地带的一支地质队，忽然听到帐篷外杀声震天，刀剑碰击声和战马嘶鸣声交织成一片。

天亮以后，地质队员们看到的依然是古木参天的森林，没有

一点战斗过的痕迹。第二天夜晚，帐篷外又发生了类似的现象，地质队员们立即冲出帐篷进行寻找，可什么也没看见。有地质队员后来在史料中发现，这里曾是一个古代的战场。

一天，湖北省水文地质大队的几名地质人员路过陕西省境内一条深窄的峡谷时，刚好遇到了大雨。这时，峡谷中突然传出一阵枪声，中间还夹杂着大人、小孩的哭喊声，而此时的峡谷看上去却是一片空空荡荡。

据传，新中国成立前夕，曾经有一个马戏班路过这条峡谷时，遭到了一支国民党军队的疯狂屠杀。当时，正值阴雨季节，据说枪声、男女老幼的惨叫声响彻了这条峡谷。以后每到这个时节，一遇上阴雨阵阵的天气便会重现当时的情景。

离奇声音如何能重现

这些离奇的枪声复现，引起人们的兴趣和猜测。有一种观点认为，峡谷两侧高峻的山岩中，可能含有一种磁性矿物，在某种情况下能像磁带那样录下当时的声音。一旦外界条件具备，磁带中的声音便会被释放出来。但是，这种说法还有待科学的证实。

一些科学家认为，地球上除磁铁矿以外，很多东西都具有磁性，这些带有磁性的物体构成了地球上的一个大磁场。在磁强度较大的环境里，并且加上适宜的温度、湿度和地电等条件，人物的形象、声音就很可能会被周围的建筑物、岩石或铁矿等物体记录并储存下来。

　　这些被记录下来的图像或者声音，在相同的温度、湿度等条件下就可能会被重新再现出来。同时，也有一些科学家认为，这是自然界里的激光在起录影作用。

拓展阅读

　　除了有上述的"录音"外，更为神奇的是"录像"。17世纪，在英国的凯车地区，夜空中出现了两队穿着金盔铁甲的军队相互厮杀。而一些军人指出，这个场面是发生在两个月前的希尔战役的重现。此后，这个影像又多次出现。

两处同时出现同一身躯

椰林里的第三个身影

在纳米比亚内尔科克斯塔西边的海岸边，有一片奇异的椰树林，它可以把人神不知鬼不觉地从一个地方转移到另外一个地方，或者一个人看见另外一个人突然出现两个身躯，甚至一个人

成为两半，而他自己却什么也不知道。

　　1917年，葡萄牙人维尔塞乌与同伴奥德希拉来到内尔科克斯塔地区寻找钻矿。但他们迷失了方向，不知不觉来到了泽门卡椰树林。一天早晨，他们从椰林出发向东走去，当时雾很大，湿气也特别重，当他们走了几百米远之后，实在觉得走不下去了，于是，维尔塞乌便站住了。

　　他见奥德希拉还在一个劲地向前走，眼看着就要在他视线中消失，不禁失声叫了起来，叫奥德希拉不要再走了，等雾散后再走。可是奥德希拉的声音却在他的身旁响起，并问他为什么用那

么大的声音喊自己。

维尔塞乌惊诧不已："难道刚才走的不是你？"

奥德希拉莫名其妙："我什么时候走了，我一直在你身旁啊！"

维尔塞乌更惊异了，刚才明明看见他向前走了，怎么说没有呢？难道是幻觉？两个人争论累了，便坐了下来。

这时，轮到奥德希拉吃惊了，因为他看见维尔塞乌满脸委屈地坐在自己对面，而他明明知道，身旁还坐着一个维尔塞乌。奥德希拉一会儿看看身边的维尔塞乌，一会儿又看看对面的那一个，孰真孰假，真是难以分辨。

奥德希拉紧张地站了起来，拉着维尔塞乌说："我们赶紧离开这儿，这地方有鬼，它能让我们灵魂分开，我看见你坐在我的对面，太可怕了。"

维尔塞乌因为前面的经历，所以对他的话毫不怀疑，两人手牵手

地离开了。

有人会分身吗

1980年，加拿大5名徒步旅行的爱好者来到了泽门卡椰林。一天早晨，队伍里的拉洛什和妻子艾古莉曼爬起来，拉洛什拿着水壶说要去找点水回来。

拉洛什往东走去，刚走了100米左右，却意外地看见艾古莉曼的背影正向西走去，到了海边，艾古莉曼忽然消失了。焦急的拉洛什在海边寻找了很久，又喊又叫的，就是没有回音。

当拉洛什下午回去后，发现艾古莉曼正在营地里焦急地等着他。拉洛什越来越觉奇怪，就将上午的遭遇告诉了艾古莉曼。

没想到艾古莉曼在寻找他时，在途中竟看见了两个麦伦。拉洛什说："我正是看见你往海边跑去，才一直追踪你的。"

2月10日，麦伦一早起来，在林中跑了一会儿，便做起了健美操。这时她看见加利像被一柄锋利的刀切成了两半，身上却又见不着血迹，站在那里盯着她。她一边跑一边叫道："加利被人杀死了！"

大家纷纷出来，加利也跑了出来。麦伦一看更是吓得魂飞魄散，加利上前问她："我被谁杀死了啊！"

麦伦颤抖着半天说不出话来。

这时艾古莉曼笑着对大家说："怎么样，我没骗你们吧！麦伦一定是看见了加利的另一个影子。"

拓 展 阅 读

　　一些科学家把这种现象称之为"冰雾折射"。由于气候和阳光，使雾中产生另外的图像，而这种图像根据正在那里停留的人为模型。但这种说法却不能解释为什么人为模型有行为动作，甚至图像看来也与真人一样清晰逼真。

令人咋舌的时空窗口

小汽车是如何消失的

1993年8月末，在俄罗斯顿巴斯地区一个十分偏僻的地方，一个叫格拉祖诺夫的当事人经历了一段奇遇经历。

一天，格拉祖诺夫沿着一条乡间土道走着，一辆日古利牌小轿车从他身边飞驰而过。在离他约300米的前方迎面开来一辆带拖车的拖拉机。他突然发现，刚从他身边经过的那辆日古利牌小汽

车在前面来了个向右急转弯，一下子就消失了。

　　当时他大吃一惊，当那辆拖拉机开过来时，格拉祖诺夫把拖拉机叫住了，并问拖拉机手："你是否看见一辆日古利牌小汽车开过去？"

　　拖拉机手莫明其妙地答道："哪有什么小汽车？它在哪儿？"

　　拖拉机手环视了一下四周，脸上变得有些紧张，并惊慌失措地说："大叔，赶快离开这里，可千万别惹出什么麻烦……"

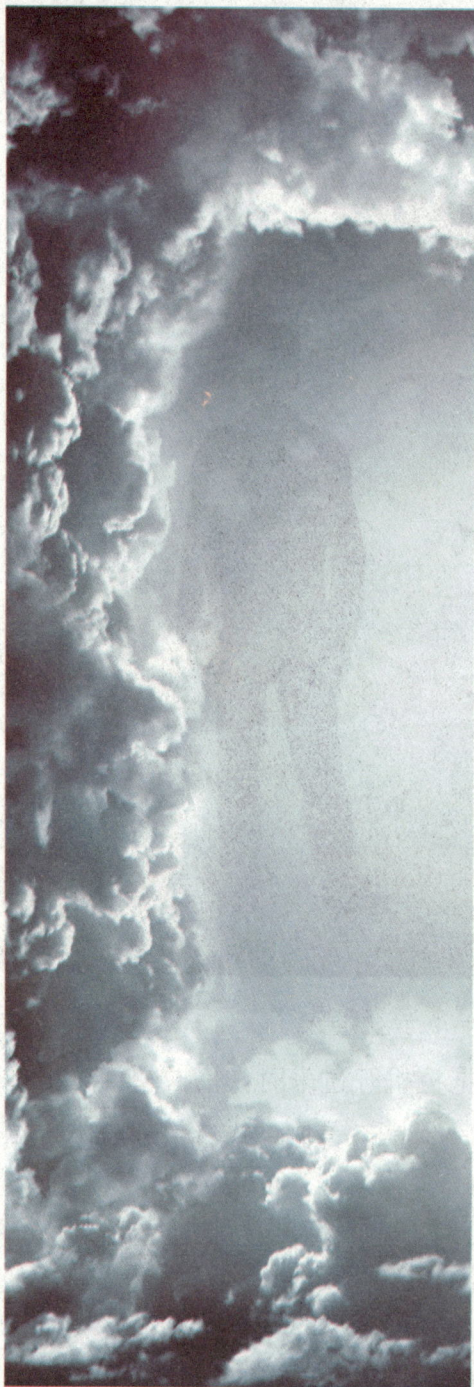

时空窗口出现的怪物

可是，当时好像有一种神秘不解的力量驱使格拉祖诺夫必须去那个地方看个究竟。拖拉机开走后，只剩下格拉祖诺夫一个人呆呆地站在那里。

这时他发现，就在日古利牌汽车消失的那个地方的上空出现某种无法解释的现象：好像在空中出现一个时空窗口，里面映满了橘黄色的辉光，透过它向里面望去，那里布满了各种巨大建筑物，有正方形、截面金字塔形的截面球形体。

一些螺旋状怪物在运动着，它们好像有两只腿和两只手臂，它们的脑袋似乎长着像松树结子一样的大疙瘩。这些又瘦又长的怪物很少停下来，它们边运动还边打着手势，它们发现一种类

似我们人群中吵闹的那种清晰的嘈杂声。

格拉祖诺夫见此情景后，被吓得呆若木鸡，这情景真是令人毛骨悚然。这十分恐惧的场面简直令人无法忍受和惊恐万状，而且大有越来越气势凶猛之势。

这时，他突然发现从半空中出现的那个橘黄色时空窗口飞出某种生物来，它从头到脚长满了瘤状突起物，它的脑袋长得有些像蟾蜍，但有它的几倍大。

吃山羊的怪物

他早已被这突如其来的怪物吓得魂飞天外，两腿再也站立不住了。这时，那个怪物向他飘来，这个怪物眼睛呆板无神，反应

迟钝，面部表情凶残冷酷，这怪物在他身边一跃而过。

当他的目光随怪物而去时，他身旁却莫明其妙地不知从哪儿出现一只山羊，它只是尖声地叫着，却在原地一动也不敢动。这时，那个怪物突然冲着那只山羊张开大嘴，用一股浓稠状淡黄色唾液吐在山羊的身上。

格拉祖诺夫见此场面，吓得一动也不敢动，只觉一种恶心感跑上喉咙。他亲眼目睹那只被怪物唾液淋透的山羊顿时变成一块凝胶物，那个凶残可怕的怪兽张着大嘴发出可怕的声音，然后将那堆凝胶物一吞而进，无论羊角、羊蹄子，还是羊骨或羊毛统统吞下，什么也没剩。

误入时空窗D

这时，格拉祖诺夫吓得拔腿就跑，但不知怎么一回事，却跑进那个时空窗口里，一下子又向他迎面飞来两个怪物，每个怪物的身上都长着两只能灵活转动的腿，腿上带有许多弯曲关节，就像胶皮管子一样柔软。

每一个怪物的上部还长有3个触角式脖颈，在脖颈末端长有规整的球形物，它又光又亮。这时他想：这很显然是机器人。其中一个怪物把他推到一旁，这些怪物似乎不太注意他，却开始用它们那触角式的脖颈去触动那个浑身长瘤的怪物。当它们一接触

时，火花四溅，火花是蓝色的，而且久久不熄。

　　那个吞食山羊的怪物好像发出一种含糊不清的嘶哑声，然后一跳，猛地跳进那个时空窗口。当两个类似机器人的怪物随其进入那个时空窗口后，那个窗口便一下子自动关上了，空中一切又恢复了往日的正常。

　　没过多时，格拉祖诺夫有些清醒过来，却发现独自一人仍旧站在那辆日古利牌汽车消失的地方。

　　这时，他突然发现，在那只山羊被怪兽吞食的地方出现一个深色的潮湿斑痕，约有一米直径，有几缕蒸汽正从光秃秃的地上

升腾而起。

当地居民确认，类似事件不止一次发生。人们不禁会问：那个橘黄色时空窗口究竟是何物？这些东西是从哪里来的？

拓 展 阅 读

据格拉祖诺夫回忆，这种怪物的上半身好像是由半透明物质构成的，充满透明上半身的不知是血管、韧带，还是导线。这个怪物像流水一样在空中流动飘移，根据其外形大小判断，它比牛还大。

千古楼兰消失之谜

显赫一时的楼兰古国

在人类历史上，显赫一时的楼兰古国神秘地消失了。偌大的国家为何会突然消亡？是什么灾难使之毁于一旦呢？这是令人困惑的千古之谜，也是今天考古学上的大谜团。

本世纪初，瑞典探险家斯文·赫到我国西北探险。他在塔克拉玛干大沙漠以东、罗布泊西北处，意外地发现了一座被茫茫沙

海掩埋了的神秘古城。虽然岁月流逝，风沙侵袭，但城郭依然，佛塔、圣殿残迹犹存。这一发现，一时间引起了世界轰动，各国科学家纷至沓来，前来考察探索。

经研究，科学家们一致认为，这座古城是在1000多年前由于某种原因逐渐毁灭的。它是建造于四五千年以前的曾经以灿烂的文化、繁荣的经济和强盛的国力炫耀于世的楼兰古城的遗址。

楼兰是如何失踪的呢

曾经繁华一时的楼兰古国是如何失踪的呢？对此，专家们有很多不同看法。

异族入侵说。有的学者认为，楼兰古国是被外族入侵而失踪的。古国楼兰在汉代常遭到匈奴的侵袭，因而时常求助于汉朝皇帝。

据历史记载，公元前77年，汉朝皇帝的使者来到楼兰，他向楼兰人提出了一个意外的建议："你们在此常受匈奴侵袭，若能下决心将国家往南迁移，汉朝的军队就能保证贵国的安全。"于

是，楼兰人便开始流散，背井离乡，最后衰亡。

丝路改道说。一些学者认为，由于某种原因造成了丝路古道北移伊吾、多河，不再经楼兰，楼兰因此逐渐消亡。可是，丝路改道虽然可使昔日繁荣的楼兰变得萧条，但却不足以使一个人丁兴旺、建筑宏伟的城市毁灭。

于是，科学家们又提出了"河流改道说"。由于塔里木河改道南行，注入台特马湖，只有孔雀河一河之水流入罗布泊，水量大减，造成了罗布泊逐渐缩小，以至干涸。由于严重缺水，楼兰人失去了赖以生存的基本条件，只好远走他乡。

近年来，我国气象科学工作者通过多次实地考察，根据大量的文献史实又提出了"气候变迁说"。

此说认为，古时的楼兰气候湿润，雨水丰沛，河湖众多，渔业发达，并有农牧业。

但大约在3世纪至6世纪，那时的气候逐渐由湿润转为干旱，雨量减少，最终土地沙漠化。"此地不养人，自有养人处"，楼兰人只好去寻找能够生息的地方了。

　　但是，"气候变迁说"和"河流改道说"也都有各自的缺陷，因而尚不足以说服人。楼兰古国是怎样消失的？他们为何会神秘失踪？这些问题至今仍是难以破解的千古之谜。

拓展阅读

　　楼兰是汉代西域一个强悍的部族，他们居住在新疆塔克拉玛干大沙漠的东部，罗布泊的西北缘。楼兰人的首都就是著名的楼兰古城，是"丝绸之路"上的一个繁华之邦。

楼兰彩棺失踪之谜

进入死亡之海的考察队

一件举世罕见的稀世国宝楼兰彩棺被发现后，又神秘失踪，在历史和考古界引起轩然大波。国宝楼兰彩棺是怎么被发现的？因何会在人迹罕至的"死亡之海"里不翼而飞？

2000年是楼兰古城遗址发现100周年，神秘的"东方庞贝"再次引起人们的关注，许多民间团体、学会、科研机构欲借此机会宣传楼兰，组织考察楼兰的活动。

楼兰古城遗址是我国珍贵的历史文化遗产。为免遭人为破坏，当地政府曾于1996年专门发布禁止到楼兰古城探险旅游的禁令，强调楼兰、尼雅等地是还没有开放的国家重要文物遗址，一定要封闭管理，严格把关，未经文物主管部门批准不得擅自进入。

鉴于上述原因，巴音郭楞蒙古族自治州的一家民间团体"楼兰学会"经过精心组织和批准，一支由51名研究历史、考古、社

会学的专家、学者组成的考察队，于3月25日浩浩荡荡地开进了号称死亡之海的塔克拉玛干沙漠，并奇迹般地发现了稀世国宝楼兰彩棺。

死亡之海发现楼兰彩棺

2000年3月的一个下午，一个考察队在著名的营盘遗址古墓群与小佛塔中间地带考察。考察中人们在一条干涸的小河道里，意外地发现了一口独木舟棺材，考察队员们突然意识到，这可能是古楼兰人的棺材。

他们将这口奇特的棺木从河道里拉出来后，发现残棺仅剩

0.85米长，0.5米宽，棺帮厚约0.02米，估计此棺原长约3米至4米，其余部分已断朽在地下。

彩棺图案着以黄、橘红、绿等色彩，绘有铜钱、花卉纹样，并以斜线分格。考察队觉得这是一件很有价值的文物，便对这口棺材进行了测量和拍照。

然而，当时他们怎么也没想到，这具极为普通的残棺，竟是出自汉晋时代的稀世国宝楼兰彩棺！

国宝价值不同寻常

据了解，发现彩棺的当晚，考察队回到宿营地，集体向有关部门汇报了发现彩棺的经过。据学者们判断，这具彩棺极可能是

汉晋时期西域36国之中的一个小国国王的墓葬。考古学家曾在营盘遗址上发掘过一些颇有历史研究价值的古墓，所以考察队领导对此棺十分重视。

据介绍，这口独木彩棺的胡杨木质仍然结实，外部构造精致，表面平整，内凹部分打磨得十分光滑细腻，底部的紫色油漆花纹仍十分明显。残棺上下均有竖道花纹，为方头如意纹及雀彩玄武纹，这是一口罕见的沙漠彩棺。

对楼兰历史有一定了解的考察队员当时就意识到此棺的历史价值不同寻常，但考虑到考察队在进入楼兰遗址前就制订了铁的纪律，不准带走任何文物，因此，考察队决定回到宿营地请示领导后再作决定，于是就把彩棺留在原地。

稀世彩棺不翼而飞

　　2000年3月27日上午，考察队领导组成一支新的考察队，去寻找稀世彩棺。由于当时有一名炊事员受了伤，原考察队员为他包扎好伤口走出宿营地时，寻找彩棺的车已经走了。

　　当晚在龙城宿营时，新的考察队员称，因为原考察队员没亲自去，沙漠地貌极为相似，领导派出的那辆车，在营盘遗址周围转了很多圈，也没找到那口彩棺。

　　在茫茫沙海中找不到一件东西本是很正常的事，再加上这里是进去出不来的沙漠腹地，外人难以进来，所以当时众人想反正

彩棺放在那里也不会丢，还不如等考察完周围的几个文物点，返回时再接着寻找。当时，谁也没想到这口楼兰稀世彩棺会出什么意外。

然而，出人意料的事终于发生了。29日，当考察队考察完预定地点返回到那条干涸的河道边时，几个人走到彩棺发现地寻找，不由大吃一惊，那口楼兰稀世彩棺已神秘失踪。

4月3日，考察队再度赴营盘所在遗址寻找彩棺。考察队以原彩棺出土处为中心，在周围数千米内展开梳头式大搜寻，仍一无所获。后经数月查寻，稀世国宝楼兰彩棺仍下落不明。

　　在严格管理的楼兰遗址内，这口稀世彩棺怎么会莫名其妙地消失了呢？它是被人偷走了，还是神秘失踪不见了呢？这一切问题还都是疑团，等待后人来揭晓。

拓展阅读

　　楼兰王国最早的发现者是瑞典探险家斯文·赫定。1900年3月初，赫定探险队在穿越一处沙漠时，不慎将铁铲遗失在昨晚的宿营地中。在找回铁铲甚至还拣回几件木雕残片后，发现了许多烽火台，一直延续到罗布泊西岸的一座被风沙掩埋的古城，这里就是楼兰古城。

诺亚方舟消失之谜

诺亚方舟的故事

《圣经》中的《创世纪》有一段传说：自从人类的始祖亚当和夏娃违反天规，被逐出伊甸乐园后，他们来到地面，一代又一代的人布满大地，但罪恶也充斥人间。上帝感到十分愤怒，决定要将所造之人和兽、飞鸟和昆虫都从地上除灭，要使洪水泛滥地上，毁灭天下。

那时，唯有一个叫诺亚的人，心地善良正直，特别受恩宠于上帝，所以上帝告诉他，让他用木头造一艘大船，完成之后，要把他的家族和所有的动物分成雌雄7对，都放到方舟上去。一切准备妥善，然后上帝会就让雨不停地下40个昼夜，毁掉地上所有的生物。

诺亚照上帝的吩咐用木头造成了方舟。方舟长360米，宽23米，高13.6米，分为3层，有15万吨级那么巨大。方舟完全落成，诺亚一家、所有的动物分雌雄7组，都转移到方舟上。不久，乌云密布，电闪雷鸣，灾难开始了。

大地的泉源裂开了，天上的窗户也敞开了，一连降了40昼夜的暴雨，上

帝完成了他可怕的惩罚。罪恶被消灭了，生命也毁灭了。大地茫茫一片，唯有方舟在洪涛中不停地漂泊。

据《圣经》记载，150天后，水势渐退，诺亚方舟停搁在亚拉腊山巅。又过了40天，诺亚放出鸽子，鸽子叼回一枝橄榄叶，表明洪水已退。于是，诺亚带着一切活物走出方舟，回到地面，重新建设家园。

被发现的诺亚方舟

诺亚方舟的故事，是距今6000年左右之前的传说，不仅在《旧约全书》里有清楚记载，被称为世界最古老的图书馆，即古代亚述首都尼尼威的文库中发掘出来的泥板文书上，也有着类似

的洪水故事的记载。

1916年，俄国飞行员拉特米飞越亚拉腊山时，发现山头有一团青蓝色的东西，好奇心促使他飞回细看，他惊讶地看到了一艘房子般大的船，一侧还有门，其中一扇已毁坏。这个奇遇很快就被报告给了沙皇尼古拉二世。

当时，沙皇尼古拉二世命令组织一支探险队，由于十月革命爆发，这项计划告吹。其实，拉特米并不是第一位发现诺亚方舟的人。早在17世纪，荷兰人托侬斯就写过一本《我找到诺亚方舟》的书，并附有方舟的插图。1800年，美国人胡威和于逊，1892年耶路撒冷代主教和当地土耳其牧人，都说他们看

到了方舟。

诺亚方舟的照片和残骸

亚拉腊山位于土耳其东端，靠近伊朗国境的地方，是座海拔5065米的死火山，山顶自古就被冰川覆盖着。传说山顶留有诺亚方舟，不过，住在这个地方的阿尔明尼亚人，把这座山尊崇为神圣的山，相信人要登上山顶会被上帝惩罚。长期以来，谁也没有爬过它。但这个谜最终还是得到了证明。

1792年，一个叫弗利德里希·帕罗德的爱沙尼亚登山家，初次在亚拉腊山登顶成功。随后，在1850年，盖尔奇科上校率领的土耳其测量队也登上了顶峰。1876年，英国贵族詹姆斯·伯拉伊斯在圣山高约4500米的岩石地带，捡到了木片，并发表了他找到方舟残迹的消息。

第二次世界大战后，一位土耳其飞行员拍了一张"方舟"照

片。从此，方舟不再是人们口头的传闻，而是有了照片的实物。
更令人吃惊的是：照片放大处理后，测出船身为150米长，50米
宽，和传说中的方舟似近。

诺亚方舟被找到了吗

1949年，美国的阿仑·史密斯博士组织了亚拉腊山远征队，
以探寻诺亚方舟为目标，可是未能达到目的。1952年，法国的
琼·利克极地探险家又组织了探查队，并成功地登上了亚拉腊山
顶，然而关于诺亚方舟却什么也没有发现。

可是，当时的一个叫费尔南·纳瓦拉的队员却思忖："一定
在亚拉腊山的什么地方，残留有诺亚方舟，我要用双眼清楚证实
它。"他下定决心，在1953年7月，他带了11岁的小儿子拉法埃
尔，试图第三次登上亚拉腊山峰顶。

正是两人死心塌地的念头，使他们终于发现了诺亚方舟残片，他们从冰川中挖出了它的一部分，带回了一块木板。这块古木板后来被寄送到西班牙、法国、埃及等国家的研究所，进行了科学的研究。其结果证明，这是一块经过特殊防腐涂料处理过的木板。经碳-14测定它至少有4484年的历史，正是所传方舟建造的年代。

人们惊呆了，又有照片，又有实物，费尔南坚信自己发现的就是诺亚方舟。后来，他根据这些探查结果，写了一本书名叫《我发现了诺亚方舟》，于1956年出版。他还在全世界到处举行报告会，引起了强烈反响。

人们找到的是诺亚方舟吗

有人提出质疑：即使发生特大洪水，地球水位也不会升至5000米的高度，方舟何以能在亚拉腊山巅？难道是地壳变动？

美国人卡佐和斯各特认为：就算发生过诺亚时期的大洪水，即5000年前被几英里深的大水蹂躏过，那么，今天地球表面会成什么样子呢？就连最高的山也会显出流水侵蚀的痕迹。但实际上并非如此。此外，12000年前冰封的地区，总该有被水改变过的迹象，可它们依然如故。不管海拔多少，那些外露的冰川断层仍保持原始状态。

从科学观点来看，历史上有人见过诺亚方舟的说法是无说

服力的。如果方舟在5000年前终于搁置在亚拉腊山的山顶附近，那它很可能早就被冰川运动转移到了较低的高地。方舟至少在某种程度上已支离破碎，木头撒遍了亚拉腊山的较低山坡。就我们所知，从来也没人找到过这样大块的木头，更不用说方舟的残骸了。

人们所提供的方舟照片，显然都是模糊不清的，并且需要丰富的想象力，以便从点缀山峰及其附近斜坡上的许多形状相似的天然轮廓中辨认出这巨形方舟。

说到纳瓦拉找到的方舟木头，从3个不同实验室得出的若干龄期值表明其龄期介于1250年至1700年，年代太近，因而不符合"方舟说"。

然而，土耳其地质学家们说，那只是一块经过数千年风化侵

蚀而形成的顽石而已。目前，至少有3个美国小队在搜寻这艘诺亚方舟，重点放在亚拉腊山的西南麓。

不管怎样，答案总有一天会出现的，那时就可以解释《圣经》故事的真相，人类的探险如真的发现了诺亚方舟，才称得上是21世纪的发现，是奇迹中的奇迹。

拓展阅读

有专家指出，可能是5000年前在美索不达米亚地区发生的一场大洪水，诺亚家族建造了一艘船，贮藏了足够的物资，出于自然的冲动，给牲畜留出了舱位，而免于灾难。这件大事的传说就作为家喻户晓的"诺亚方舟故事"而留传了下来。

死亡谷地为何突然消失

死亡谷地是被核爆炸摧毁的吗

考古学家始自1922年的发掘表明，约5000年前的印度河流域，曾有一座繁华的城市突然在瞬间被摧毁了。它的遗址被命名为"摩亨佐达罗"，这在印度语中即是"死亡谷地"的意思，但

不少学者都以为不如称它"核死丘"更适宜些。

　　它为什么突然消失？持续多年的发掘，使掩埋在厚厚土层下的史前文明古城废墟重见天日。在这里，考察人员找到了此地发生过多次猛烈爆炸的证据。爆炸中心1000平方米半径内所有建筑物都成了粉状。

　　距中心较远处，发现了许多人骨架，从骨架摆放的姿势可以看出，死亡的灾难是突然降临的，人们对此毫无察觉。这些骨骼中都奇怪地含有足以与广岛、长崎核袭击死难者相比的辐射线含量。

　　不仅如此，研究者们还惊奇地发现：这座古城焚烧后的瓦砾

场，看上去极像原子弹爆炸后的广岛和长崎，地面上还残留着遭受冲击波和核辐射的痕迹。

联系到古印度诗《摩诃婆罗多》对5000年前史实的生动描述，后人对"核死丘"的遭遇，也就可以领悟一些了：

空中响起轰鸣，接着是一道闪电，南边天空一股火柱冲天而起，比太阳耀眼的火光把天割成两半。房屋、街道及一切生物都被这突如其来的天火烧毁了。

这是一枚弹丸，却拥有整个宇宙的威力，一股赤热的烟雾与火焰，明亮如一千颗太阳，缓缓升起，光彩夺目。

可怕的灼热使动物倒毙，河水沸腾，鱼类等统统烫死，死亡者烧得如焚焦的树干，毛发和指甲脱落了。盘旋的鸟儿在空中被灼死，食物受污染中毒。

难怪美国"原子弹之父"奥本海默认为这部印度古代叙事诗中，记载的分明是史前人类遭受核袭击的情形。

遗迹下发现的核熔玻璃

考古学家在西亚伊拉克境内的幼发拉底河谷地，也曾发现过类似南亚核死丘的遗迹。考古学家在这里一层层地挖下去，发现了约8000年的史前文明。

在最底下的一层，挖出了类似"熔合玻璃"的东西。科学家最初并不知道这是什么东西，直至后来美国在内华达州核试爆场，留下了与这种完全相同的熔合玻璃的遗物。

而这种核熔玻璃，人们已在恒河上游、德肯原始森林里以及

撒哈拉沙漠、蒙古戈壁滩等地陆续发现了好多。在这些地方都分布着一些烧焦的废墟。有的废墟大块大块的岩石被黏合在一起，表面凸凹不平，有的城墙被晶化，光滑似玻璃，连建筑物内的石制家具表层也被玻璃化了。

而造成岩石熔化需要达至2000度左右的高温，自然界中的火山喷发或森林大火均不能产生达到这种高温的热能，唯有原子弹爆炸才能提供如此条件。

力量恐怖的黑闪电

但是也有人不同意上述说法。苏联一些科学家认为，莫亨朱达罗的毁灭，应从大自然自身找原因。他们认定这是球状闪电在作孽，他们将这种闪电称之为"黑闪电"。

黑闪电在寒冷状态中

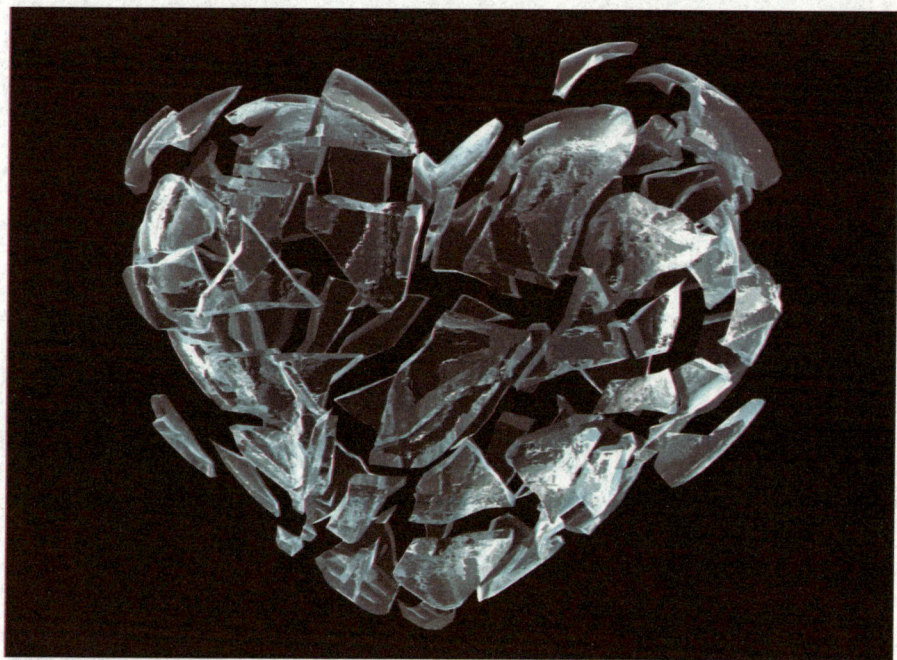

能长时间不释放能量和发光，不能轻易看见，黑闪电即因此而得名。黑闪电的种类很多，各种黑闪电能同时存在于自然界，轻者在空气中自由飘荡，当密度增大变重时，便降落地面，常常放出耀眼的光芒。

它能长期附在地表甚至深入土层，而且在无雷雨的晴天也能光顾，因此严格说来，它并不是我们平常理解的那种闪电，用避雷针也不能制止它的肆虐。

死亡谷地是被黑闪电摧毁的吗

从古代一些岩画判断，人类在5000年前就已发现黑闪电。世界许多国家的文献都有记载。

1984年9月的一天晚上，在俄罗斯联邦乌德穆尔特自治共和国萨拉普尔地区，人们忽然发现星空明亮起来，原来是许许多多白

得耀眼的球状物从高空撒落。它们不是垂直落下，而是旋转着，曲折而缓慢地飘到地面。顿时地上明亮如同白昼，20000米外的农庄庄员集体都看到了这一奇观。当地有些输电网变压器被破坏。

1983年8月12日，墨西哥一个天文台抢拍了第一张黑闪电照片，至今这样的照片已有几百张。从照片看，它像是一个线团。

按照科学家的分析和想象，莫亨朱达罗居民是首先被短时间内大量积聚的黑闪电放出的毒气夺去生命。接着，城市上空发生极其猛烈的爆炸，产生巨大的冲击波和10000多度的高温，房屋全被摧毁，死者被掩埋，地面的石头被溶化，其威力和破坏程度不亚于一次大量的热核爆炸。

经过计算，莫亨朱达罗发生惨祸时，其上空可能有2000个至

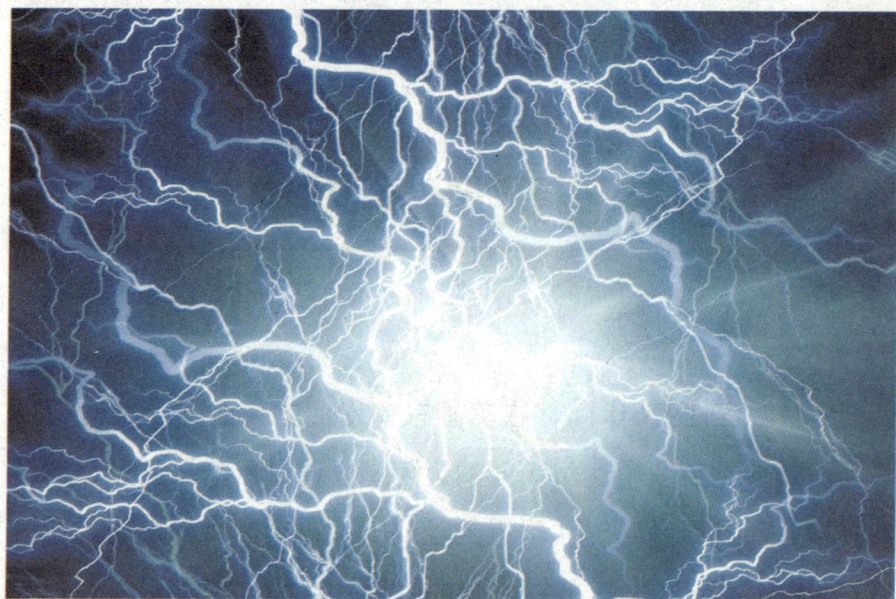

3000个直径为0.2米至0.3米的黑闪电。

关于莫亨朱达罗从地球上消灭的原因，上面只提到两种看法，孰是孰非，一时难以定论，也许以后会有其他更令人信服的解释。

拓展阅读

摩亨约·达罗原来是古印度的一座繁华城市，大约在3500年前神奇地消失了。在遗迹中发现了一些象形文字。这些文字证明了生活在公元前4000年的印度人已经拥有高度发达的畜牧业和农业，掌握了金属加工技术，如炼铜、锡金和银。

揭开百慕大失踪之谜

从1880到1976年间，在美国东南沿海的大西洋上，北起百慕大，延伸到佛罗里达州南部的迈阿密，通过巴哈马群岛，穿过波多黎各，到西经40°线附近的圣胡安，再折回百慕大的一个区域，发生了158次失踪事件，有数以百计的船只和飞机失事，数以千计的人在此丧生。这一地区就是人们闻之色变的百慕大三角区。那么，这一区域为何累累出现失踪事件？

触礁说

有人认为，船舶出事是由于触礁。但是根据探测，百慕大海区的海底山脉，最高的离海面也有60多米，所以触礁的可能性可以说是不存在的。

何况飞机在空中失事的许多事实又如何解释呢？

飓风说

有人曾提出这样的假说：百慕大三角区离赤道很近，距离赤道越近的地区，天气的变化就越剧烈。从北方吹来的冷空气同赤道的暖气流在百慕大三角地区相遇，因气压相差很大，所以容易形成飓风。

在这样的条件下，即使是晴朗无云的极好天气，也会突然变坏而刮起飓风来，这种风云突变的天气是很难预测到的。因此，航行到这里的船舶或飞机都会吃亏的。这种天气的变化范围不大，如果在海面

上发生，到达不了海岸就会消失，人们也就不容易发现。

龙卷风说

还有人认为，这个地方还常常发生海龙卷，船舶和飞机遇上龙卷风，自然就会被卷得无影无踪。

一位曾在百慕大三角海区遇到过飓风的船长说："当时，大海的面貌可以说是无法形容的。浪涛翻滚，你会遇到二三十米高的水墙直挺挺地朝你倒下，也许船只被卷进大浪里，就再也挣扎不起来了。"这段描述说明了遇到飓风的可怕情景。

一位在百慕大三角海区失踪事件中侥幸生存的海员，也讲述了当时遇到风暴时的惊心情景：他们的船舶遇上了强大的风暴，舱盖被风掀掉了，海水涌满了货舱，仅仅5分钟以后，船就沉没了，除了这位黑

人海员以外，所有的人都葬身于大海了。

根据上面两人的描述，估计只有海龙卷才会有这么巨大的破坏力。所以在海上航行的船舶，如果遇到海龙卷是难以活命的。当然这种天气必须是偶然的，不能把它当作一切失事的理由。

海水漩涡说

解释百慕大的怪异现象的另一种与磁无关的假说是海水漩涡说。据太空卫星发现，百慕大海域曾出现过巨大的漩涡，专家们分析，这巨大的海水漩涡有如一面巨大的凹透镜。

当阳光充足且漩涡形成时，它就会反射太阳光而聚焦于一点，当有飞机此时经过"水凹镜"焦点时，便会化得无影无踪，

轮船遇上也会遭殃。

科学家们推测：如果漩涡直径为1000米，阳光聚焦点直径就有一米多，温度可达上万度，而魔鬼三角里的漩涡直径大多为200千米，甚至几千千米，寿命长达60多天，焦点直径可达几百米至几千米，其温度足以使不幸闯入其中的飞机、舰船顷刻熔化，即使是稍一靠近，也能引起爆炸和燃烧。

这种假说似乎有一定道理，但为什么一点残留物也没有？为什么会有磁异常？漩涡又是什么原因形成的？有何条件呢？这种假说本身并没有能充分给出解释，这种假说似乎只揭示了某些现象，而没有完全揭示本质。

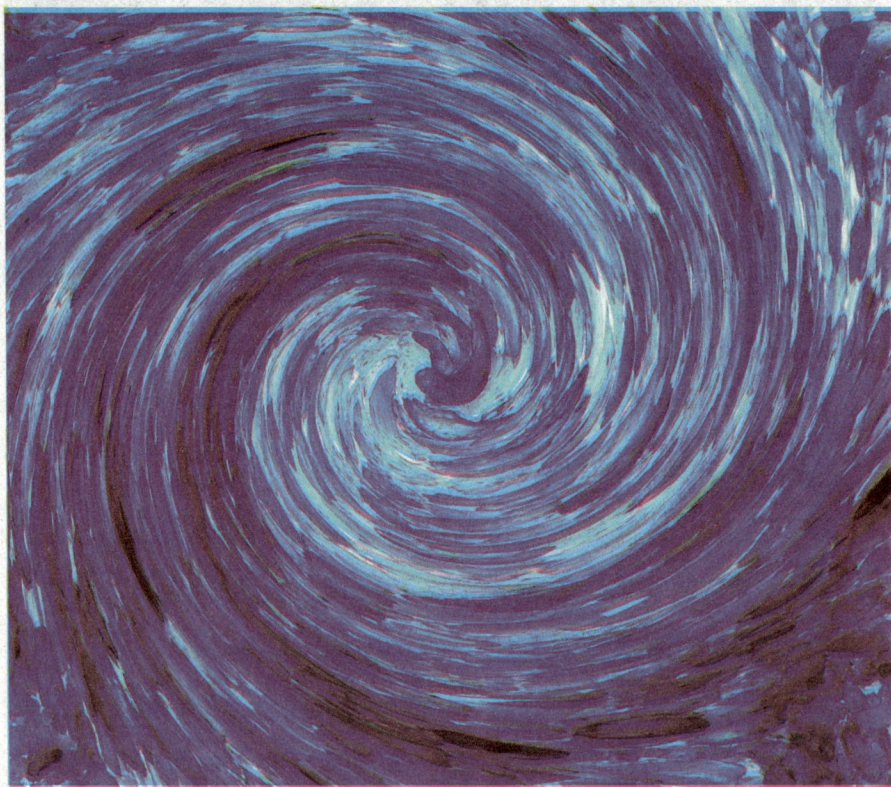

反旋风和下沉涡流说

还有人认为，在百慕大三角海区有反旋风和下沉的涡流，这也是导致船舶、飞机失事的因素。反旋风在水下形成有力的漩涡，可以把船、飞机等卷进去。

有一位水文学家说，波多黎各海岸在冬季北风强烈时期，由于内波的影响，从大海表面至海底能够产生一股强大的向下的海流，好似一条海下瀑布，这股海流的流速有时极快，就形成了巨大的漩涡，像一个巨大的漏斗，会把经过这里的船只一下子吸进去。

大自然激光说

还曾有人提出，百慕大三角海区发生的奇妙事件可能是一种

自然激光的现象。

　　这些人认为，百慕大三角海区，船舶、飞机失事经常发生在天气晴朗的时刻，是因为在万里无云的晴空，太阳是激光的强大辐射源，平静的海面和大气上层好似两面巨大的反射镜，高空的强烈气流起着操纵机构的作用，这些条件则构成了一个巨大的激光发射器，它可以射出巨大的激光束，产生强大的威力。

　　激光辐射流可引起局部地区天气骤变、海面升起浓雾、海水翻腾、出现磁暴、无线电通讯受到严重干扰等现象，航行的船舶或飞机若是进到激光束中，就会被化作一缕青烟。

海底裂缝说

　　关于百慕大三角海区之谜，地球物理学家们也怀着极大的兴趣

积极地探索着。有些地球物理学家认为，百慕大三角区奇异事件发生的原因与海底地形有关。他们设想该地区的海底，地壳可能有宽大的裂缝。

由于地壳内部地心部分是高热的液态岩浆，沉重的地核在液态岩浆里漂浮运动着。在太阳和月亮的引力作用下，地核往往会朝地壳薄弱的方向运动，以强大的压力将熔融的岩浆压向地壳有裂缝或开口的地方，于是岩浆就从这些地方喷发出来，这就是火山爆发和造山运动。当地核退去后，地壳往往下陷，有时会产生吸入作用。

如果海底地壳有裂缝或开口处，遇到上述

情况就会发生海底火山爆发或海啸。当地核退去时，大量海水会以很快的速度被吸进海底裂缝，于是就产生飓风和磁暴，这也许是使船舶飞机失事的一个因素。

有人认为，在海底地壳的裂缝中不断冒出大量的气体溶解于海水中，海洋底层含有大量气体的水被上层水沉沉地压着，就好像一瓶被盖子严严盖住的汽水。

一旦海洋上层压力减小，就像把汽水瓶盖打开那样，下层水中的大量气体就拼命往上冲，因而升起浓浓的泡沫来，假如船只刚好通过泡沫最厉害的地区，就一定会在泡沫中下沉。而当泡沫

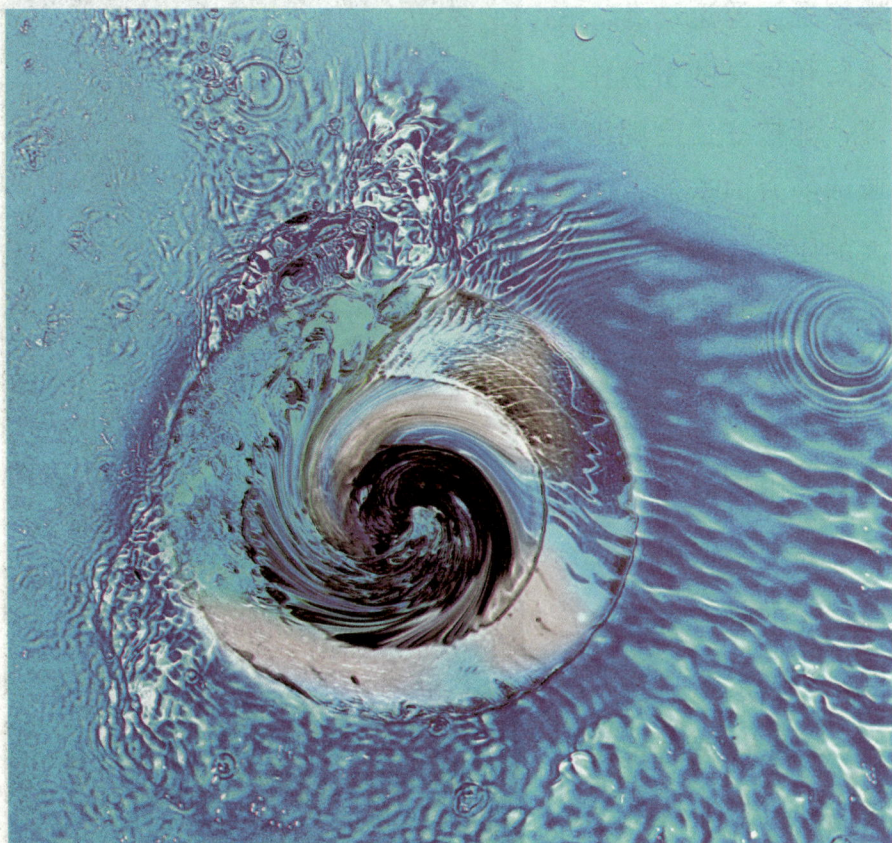

冲出海面，就会形成茫茫的白雾，飞机飞进这样的白雾里，自然就会迷失方向，坠向大海。

关于地壳裂缝冒气的说法，并不能解释船舶与飞机上导航仪器失灵的现象，以及为何会有漂泊在海面上的空船，这或许只是导致百慕大三角区船舶、飞机失事的因素之一。

水桥说

也有人认为百慕大三角区的海底，有一股不同于海面潮水涌动流向的潜流。因为，有人在太平洋东南部的圣大杜岛沿海发现了在百慕大失踪船只的残骸。

当然只有这股潜流才能把这船的残骸推到圣大杜岛来。当上下两股潮流发生冲突时，就是海难产生的时候。而海难发生之后，那些船的残骸又被那股潜流拖到远处，这就是为什么在失事

现场找不到失事船只的原因了。

晴空湍流说

晴空湍流是一种极特殊的风，这种风产生于高空，当风速达到一定强度时，便会产生风向的角度改变的现象。

这种突如其来的风速方向改变，常常又伴随着次声的出现，这又称"气穴"。航行的飞机碰上它便会激烈震颤。当然，严重的时候，飞机就会被它撕得粉碎。

黑洞说

黑洞是指天体中，那些晚期恒星所具有的高磁场超密度的聚吸现象。它虽看不见，却能吞噬一切物质。

不少学者指出，出现在百慕大三角区的飞机、

轮船不留痕迹的失踪事件，颇似宇宙黑洞的现象，因此便难以解释它何以刹那间消失得无影无踪。

超时空说

1991年，一架波音727客机从东北方接近迈阿密机场。机场塔台正以雷达跟踪飞机，飞机突然从屏幕上消失，10分钟后又安全降落。塔台人员登机检查，发现机上人员的手表与仪器上的计时器，都比正确的时间晚了10分钟！

科学家认为：在磁气涡动中，多维空间与我们存在的三维空

间出现交集。有的交集比较大，所以船舰进入多维空间便告消失；有的交集小，在短暂的消失后，又回到我们的时空里来。

月球引力说

有些天体物理学家认为：那些飞机和船只失事的日子，正好是新月或满月，这时月亮、地球和太阳处在一条直线上，引潮力最大，于是引起地球磁场扰动，从而使飞机船只的导航设备失灵，造成失事。

海底大洞说

有些地质学家说得更大胆，他们认为，百慕大三角海区下面有个大洞，海水从这里流进去，穿越美洲大陆，然后在太平洋东南部的圣大杜岛海面重新冒出来。

　　1980年1月，瑞典学者阿隆森用一部电脑和50000公升鲜红的水，给各国的地质学家做表演引起了轰动。联合国的一位官员甚至认为，这个地球上最神秘的自然之谜已经揭开。

拓 展 阅 读

　　百慕大三角，又称魔鬼三角或丧命地狱，位于北大西洋的马尾藻海，是由英属百慕大群岛、美属波多黎各及美国佛罗里达州南端所形成的三角区海域，因为该地区经常发生超自然现象及违反物理定律的事件，因此闻名于世。

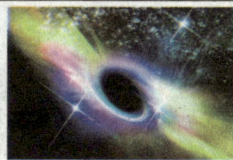

地中海三角区魔圈

消失在庞沙岛上空的飞机

被陆地环绕的地中海，一直被人们看做风平浪静的内海。谁知在这里居然也有个魔鬼三角区，这个三角区位于意大利本土的南端与西西里岛和科西嘉岛三座岛屿之间，这里叫泰伦尼亚海。这个三角区域里，有几十艘船只和飞机被不明不白地吞没。

1980年6月某日上午8时，一架意大利班机准时从布朗起飞，目的地是西西里岛的巴拉莫城，预计航程所需时间为1小时45分钟。

当该机飞行了37分钟时，机长向塔台报告了自己的位置在庞沙岛上空之后，就再也没有消息了，谁也不知道这架飞机是怎么失踪的。机上81名乘客和机组人员踪迹全无，飞机自然也无影无踪。

接连消失的两艘渔船

更奇怪的是在风平浪静的海上，一些船只会突然失踪，甚至大船也不例外。

最近一次失踪事件颇为蹊跷，在庞沙岛西南偏西大约46海里处，一艘名叫"沙娜号"的渔船上有8名船员在紧张作业，而另一艘名叫"加萨奥比亚号"的渔船则有11名船员，当时两艘渔船不仅通话联系，而且灯光也相互看得见。但是拂晓时分，"加萨奥比亚号"发现"沙娜号"不见了。

起初他们以为它开走了，渔情如此之好，没有作业完毕的

"沙娜号"为什么要开走？为此，"加萨奥比亚号"船长向基地作了报告，3小时后，一架意大利海岸巡逻直升机到了这一海域。

令人惊奇的是，这时不仅看不见"沙娜号"，就连不久前刚刚汇报"沙娜号"失踪的"加萨奥比亚号"也不见踪影，深感奇怪的直升机仔细搜索了每一片海域。

巨轮消失之谜

直至飞机油箱里的油料只够返回基地时，该直升机才在通知了在附近海域的一艘19000吨的大型捕鱼船协助搜索、留意情况之后离开。这艘名叫"伊安尼亚号"的捕鱼船的船长说，他们的船3小时以内即可抵达该海域，将会注意那里失踪船只的求救信号，并在那里过夜。

第二天清晨，3架直升机再次来到这一区域搜索，奇怪的是，不要说前两艘失踪的船只找不到，就连"伊安尼亚号"也不见了。从此，这3艘船只连同船上的51名乘员，就这么不明不白地

在风平浪静的海上失踪了，而且事后也是一点痕迹都没有留下。

这3艘船只是如何静悄悄地消失的？他们遇到了什么？船上的乘员怎么样了？这一切至今都是个谜。

拓 展 阅 读

1975年7月11日，西班牙空军学院的4架"萨埃塔"式飞机正在该海域进行集结队形的飞行训练。突然一道闪光掠过，紧接着4架飞机一齐向海面栽去，营救后仅找到了5名机组人员的尸体。4架飞机刚起飞几分钟为什么要齐心合力地朝大海扑去呢？军方称无可奉告。

万吨巨轮为何神秘消失

无声无息失踪的"明亨号"

英国"明亨号"是一艘45000吨的现代化集装箱巨轮，1978年12月，当其在大西洋上航行进入北海时，便无声无息地失踪了，船上的28人无一幸存。

几天后，在失事地点附近发现了该船的几只救生圈，为此，

这家航运公司请求英国海军潜艇帮忙寻找。潜艇将海底巡扫了一遍，没有发现沉船的踪迹。

1979年初，不来梅港海事法庭对"明亨号"失事案件展开调查。经调查发现，失事那天整个海区风浪并不大，而且轮船装备先进，即使触礁，仍来得及发出呼救信号。但是，这艘船在沉没前无任何迹象，让人难以相信。

"明亨号"是如何消失的呢

直至1980年6月，在英国爱丁堡地理研究所的帮助下，方才得知"明亨号"沉船有一个可能的原因。爱丁堡地理研究所在1979年对北海海底进行考察时发现，北海海底布满了一个个火山口，

火山口排列紧密。这些火山大部分已死，少部分仍在喷吐熔岩。

　　海洋地理学家推断，"明亨号"失事，很可能是由于它航行在火山口地带的某座活火山口上时，恰遇其熔岩强烈喷吐，引起水团急剧搅动，"明亨号"跌入火山口中，悬浮岩溶浆覆盖了沉船，至于那几只救生圈，原是挂在船舷外壁上的，船沉时随海水上浮，逃脱了与船同归于尽的厄运。

　　这一推断的真伪如何，只有在海洋科学发展到一定时候，在北海西部的某一个直径大于"明亨号"船体总长的火山口中找到该船残体时，才能得到证实。

冰山中开出的巨轮

更为奇怪的事是一艘曾经失踪的船，失踪了7年后，又从冰山中崩裂出来。冰水浩瀚的南极海上，在一阵"轰隆隆"震耳欲聋的响声之后，一座冰山豁然崩裂成两半，里面露出了一艘奇怪的船只。

这是1960年9月22日正在该海区作业的英国"霍普号"捕鲸船遇到的情景。船长布莱顿立即下令捕鲸船向那艘船靠拢。人们登上那艘船，船上寂然无声，令人发憷。船体虽已破旧，但基本上还算完整。

舱内的情景更让人毛骨悚然，8具冻僵的尸体东倒西歪地躺在地上。其中有一个是女人，看样子可能是船长夫人，旁边还有一只狗的尸体。船长室里，船长依旧保持着冻死前的姿态：手握钢笔，木然地倚靠在椅子上。

消失37年的"杰尼号"

为了探明这艘船是干什么的，人们开始搜寻，最后发现了一本保存完好的航海日记。打开一看，人们不由得惊叫起来：这正是37年前突然失踪的"杰尼号"！

"杰尼号"船长在最后一篇日记中写道："到今天活了71天，现在已没有可吃的东西了，我成了最后的死亡者。"1923年1月17日，"杰尼号"在驶往秘鲁的途中不幸遇到浮冰。

船陷在巨大的浮冰中，再也没能逃脱，在这座漂浮海上的死一般静寂而又寒冷的冰山里，船上的人们做了生死的挣扎，终于

——死去。

　　冰山裹挟着载着8具尸体的船在漫无边际的海洋中竟然幽灵般地漂流了37年，在这37年的漫长岁月中，"杰尼号"究竟是怎样随波逐流的，自然是个难解的谜。

拓展阅读

　　1993年7月，美、法两国专家调查队在北海水域，发现一座巨大的海底金字塔。金字塔上还有两个巨大的洞，水流以惊人的速度奔流出入，可能是许多飞机、船只在此丧命的原因。

有去无回的神秘岛

两名科学家失踪

在肯尼亚鲁道夫湖附近，有一个只有几千米长和宽的小岛，人们把这个小岛叫做"有去无回岛"。英国探险家维维安·福斯于1935年曾带领一个探险队到这里进行勘探，他的两名同事马丁·谢弗里斯和比尔·戴森曾首先前往这个神秘小岛。

5天后，两名科学家没有返回驻地。福斯派出救援队到那个小岛，但是他们没有发现任何马丁和比尔来过或者活动的踪迹，岛上只有荒废的土著人村落。

勘查神秘岛

福斯还出动飞机对小岛进行勘查，但没有发现任何线索。当地居民告诉福斯，很多年前，这个小岛上曾经居住过人类，他们依靠捕鱼、打猎，以及与岛外居民交换特产为生。可是有一段时间，岛上居民突然不再出现在岛上。岛外村落的几名男子曾前往岛上探察到底发生了什么事情。当他们到达岛上后，被眼前看到的情景惊得目瞪口呆：村庄已经荒废，屋子里的东西原样未动，烤鱼依然放在已经熄灭的火上。

这个岛上居民都哪里去了呢？这个小岛真的受到诅咒了吗？此后，这个岛上除了鸟类外，再也没有人生活。

拓展阅读

这个小岛在当地土著人语言中意为"有去无回"。当地人都不住在这个岛上，因为他们认为这个地方迷雾难解，来到这里的人都会神秘地消失，有去无回的。

"神户号"神秘失踪

被鄱阳湖吞噬的"神户号"

1945年4月16日，第二次世界大战即将结束的时候，日本侵略者江河日下，全线败退的局面不可逆转。

侵华日军为了掠夺中国的财富，侵华日军的一艘运输船"神户号"，装满了日本侵略者在我国各地掠夺得来的金银珠宝和文

物古董、字画古玩等，从武汉顺流而下，准备开出长江口，把货物运回日本本土。

当天风和日丽，正是一个适宜航行的好天气，轮船航行驶到江西省落星山东南的鄱阳湖老爷庙水域2000米处，这时，湖心突然涌起一股巨浪，天空霎时大雾迷空，怪啸声和船体断裂声持续着，"神户号"莫名其妙地断裂下沉，短短一两分钟，这艘2000吨的货轮就在湖面消失了，船上的200多名日本士兵无一逃生。

船沉后不到两分钟，乌云消散，湖水又恢复了平静，天空也变得晴朗起来。"神户号"在毫无防备的情况下在老爷庙水域沉没，而且当时风浪持续时间特别短，从黑雾迷空、巨浪覆舟到湖面恢复平静，前后仅仅几分钟时间，说来真是不可思议。

搜寻未果的日本海军

这一下惊动了日本驻九江的海军，他们马上出动一艘快艇，派出一支优秀的潜水队伍，在山下提昭少佐的带领下赶到出事地点，接着派潜水员进行紧急水下侦察。

据他们的探海仪测量，这一带水域湖水只有30多米深，但是潜水员就是找不到沉船"神户号"的踪影，他们派出8个潜水员快速下水，奇怪的是这8个潜水员下水后，在岸上的人等了老半天，都不见他们浮出水面。

直至夜晚，他们才看见队长山下提昭少佐独自一人浮出水面来，而其余的7个潜水员，却是有去无回，消失在幽幽的湖水里。山下提昭少佐浮上水面以后，人们帮他脱下潜水头罩，发现他面

色苍白得吓人，显然是受到极大的惊吓，吓得说不出一句话来，变得痴痴呆呆的，精神完全失常。

波尔顿博士无功而返

由于"神户号"载有大量的金银财宝、古玩玉器，国民党政府为了打捞这艘沉船，特地请来了美国著名潜水打捞专家爱德华·波尔顿博士，爱德华·波尔顿博士从美国带来了他的打捞队和器材，于1946年夏天，赶到鄱阳湖老爷庙水域，开始打捞沉船的工作。

按波尔顿博士估计，这老爷庙水域水深也不过30多米，以他这样技术精良、设备先进、富有潜水经验的打捞队，在这么浅的湖底打捞这艘沉船，简直是小菜一碟，手到擒来的事情。

　　谁知，打捞队打捞了几个月，耗资上百万元，结果一无所获。不但如此，这个打捞队还有史以来第一次失踪了几个潜水队员。这几个潜水队员都是下水后就再也没有浮出水面。

　　更令人不解的是，对这次打捞经过，上至爱德华·波尔顿队长，下至一般队员，个个都对下水的事情闭口不谈。打捞队下水打捞时发生了什么？这使得这片水域更增添了神秘莫测的气氛。

当年在湖底发生了什么事

　　1986年10月12日，已经是垂暮之年的波尔顿博士才在《联合

国环境》上发表他的回忆录，首次披露了当年他在鄱阳湖老爷庙水域打捞"神户号"沉船的秘闻。

当年，波尔顿博士潜入鄱阳湖底后，他和另外的3个伙伴认真地在水下寻找沉船，几天内，他们将附近几千米的水域的水底都搜个遍，奇怪的是在这浅浅湖底下，他们没有找到"神户号"这庞然大物，甚至连一丁点儿的沉船痕迹也没有找到。

他们以为是沉船在风浪的涌动中移位了，就沿着湖底继续向西北方向搜寻。大概是找了1000多米，就在这个时候，奇怪的事发生了。湖底忽然涌起一股巨浪，在他们前面不远处出现了一个巨大的旋涡，一道耀眼的白光向他们射来。

顿时，平静的湖水出现激烈的晃动，耳边传来一阵刺

耳的怪声，他还来不及看清楚，一股强大的吸引力将他紧紧地吸住。波尔顿博士动弹不得，觉得仿佛有无数双手在使劲拉着他向前面的旋涡去。他觉得头昏眼花，渐渐陷入麻木状态，随着强大的吸引力跟跟跄跄地向前走着。

忽然，他的腰部被什么东西狠狠撞了一下，痛得他眼冒金星。就在这个时候，波尔顿博士看见一道长长的白光，在湖底翻滚游动，与他同时下水的几个伙伴，随着白光的吸引力，一路翻滚而去，纷纷被前面的旋涡吸了进去。此后，任凭他们怎么寻找，在湖面就是找不到这几个人的尸体。

老爷庙神秘的三角形

1980年，当地组织了一支专家考察队，开到老爷庙水域考察这一自然奥秘。考察队通过广泛的走访，研究对比资料发现，沉船事故多是在每年春夏之交的晴天发生，而且很突然，时间也很短，往往事故就是发生在短短的几分钟时间里，让人猝不及防。

考察队还发现，无论是白天还是晚上，过往的船只都有被吞没的危险，唯独从未在阴雨天发生过事故。而且他们经过测量发现，老爷庙地区正同世界上神秘的埃及金字塔的狮身人面像、大西洋的百慕大魔鬼三角处于同一个纬度线上。

更令人不可思议的是，这座呈三角形的古老庙宇，它的三个角与平面锥度相等，不差分毫。这就形成了很强的立体视觉，难怪人们不管站在哪个角度，都始终和老爷庙面对面。

老爷庙是一座建了几百年的古庙宇，真是使人难以置信，在

几百年前，人们没有精确的测量仪器，怎么能建造出这样精确无差的古庙宇？

湖底的沉船哪里去了

为了弄清楚这个自然奥秘，解放军海军部队主动支援这一科学考察，海军首长派来了潜水经验丰富的海军中尉为队长的潜水队。

他们到来后深潜湖底，在方圆几十千米的地方找了个遍，希望找到往日沉下湖底的几千艘大大小小的船只。然而，他们潜入湖底后却一无所获，一艘沉船也找不见，难道往日在这里沉没的几千艘船只都不翼而飞了吗？

鄱阳湖的奥秘引起了人们的巨大兴趣，很多科学家都曾来此地进行调查，然而，他们无一例外地都扫兴而归。

　　波尔顿博士在湖底见到的白光是什么？鄱阳湖底到底有什么神奇的力量？那座古老的老爷庙宇和神秘的金字塔、百慕大有关系吗？沉入湖底的船只和人都哪里去了？对于这一自然奥秘的揭晓，人们正在拭目以待。

拓 展 阅 读

　　当地人们相传，鄱阳湖水底有怪物，人们曾在这片水域里看见过一具神奇的怪物，但是目击者的说法不一致。有的人说，"湖怪"像是一把几百米长的大扫把；有的人说，像是一条巨大无比的白龙；有的人说，像是把张开的降落伞

"海沟号" 的神秘失踪

深海探索时神秘失踪

2003年6月30日，日本官员证实了一条令海洋科学界震惊的消息：曾创下世界潜水深度纪录、有世界"潜水之王"之称的"海沟号"无人驾驶潜艇在太平洋水域神秘失踪。

如果"海沟号"真的无法找回来的话，其所造成的损失将类似于美国"哥伦比亚号"航天飞机爆炸对世界航天界带来的损失！相当长的时间内，人类将很难再制造出一艘与"海沟号"性能相媲美的无人驾驶潜艇。

2003年5月29日，"海沟号"在日本南部太平洋海域2.9英里

深的海床上进行地震项目的研究。这时，天气预报警告说当地海域将有台风。

为了确保仪器和人员的安全，"海沟号"母船决定收回无人驾驶潜艇。就在下达回收信号的时候，科学家们吃惊地发现，"海沟号"不知道什么时候不见了！

"海沟号"如何失踪的

事件发生后，日本政府和海洋科学界为之震惊，他们决定先秘而不宣，自行搜索。然而，一个月过去了，"海沟号"仍杳无音信。

对于"海沟号"神秘的失踪，日本方面有诸多的猜测：

一是拴链鬼使神差地断了，潜艇脱离了母船。不过，令日本科学家们大惑不解的是，从拴链断口来看，像是被人干净利落地解开了似的。

二是"海沟号"在海床上行进

的时候突然陷入深沟，拴链无法承受猛然断裂，潜艇因此坠入海底深处，并且砸坏了讯号设备。

三是有人盗走了"海沟号"。不过，这种猜测显然荒唐，因为像"海沟号"这样的探测潜艇是世界海洋科学共有的科考平台，任何人拿走后也没法公开使用。

为什么"海沟号"如此受重视

"海沟号"的神秘失踪牵动了全世界科学界人士的心，因为它集人类深海探索科技精华于一身，是应人类对深海探索的需要而诞生的。1986年，日本海洋科技中心开始研制"海沟号"无人驾驶潜艇，经过6年的努力，终于建造成功。

"海沟号"长3米，重5.6吨，耗资5000万美元。实际上，它也是一台水下机器人，装备有高端的摄像机、声呐系统和一对采集海底样品的机械手。

"海沟号"是人类科技的结晶。要知道在海洋中，每下潜100

米就增加10个大气压，这就要求机器人身上的每一个部件都必须能承受住这么大的压力而不变形、不被破坏。

而对于浮力材料，不仅要求它能承受极大的压力，而且对它的渗水率要求极高，以保证其密度不变，否则机器人就会沉入海底。

此外，"海沟号"与母船之间采用光缆通信，使"海沟号"摄像机拍摄到的实时图像信号可以通过光缆传输到母船上，操作人员可观察监视器上的图像，在母船上对"海沟号"进行操作。

拓展阅读

"海沟号"失踪前不久，刚刚在日本海6300米的深处进行科学探索，并发现了10种神奇的细菌，这种首次被发现的细菌对治疗人类的皮肤病有着神奇的疗效。

美国潜艇失踪之探究

红光闪过后核潜艇失踪

2007年3月13日19时至14日凌晨5时，一艘满载核武器的美国核攻击潜艇在百慕大邻近水域神秘地中断了联络，以至于美国赶紧出动航母展开搜救，同时向国际潜艇救援机构紧急求援。"圣胡安号"是"洛杉矶"级潜艇的第四十艘，也是第一艘改进型核攻击潜艇。潜艇全长110.3米，价值9亿美元。

当地时间13日清晨，百慕大以东，美国佛罗里达州杰克逊维尔海域，美国海军潜艇司令部直属第十二潜艇中队"圣胡安号"

核攻击潜艇与"企业号"航母战斗群展开了捉迷藏式的攻击与反潜训练。

13日下午，"企业号"航母战斗群与"圣胡安号"的角逐进入白热化状态。到了晚上19时，演习指挥部决定当天到此为止，于是立即与航母战斗群的两艘潜艇和"圣胡安号"取得联络，要求它们返航。

意外就在这一刻发生了，演习指挥部与航母战斗群的两艘潜艇联络正常，可怎么也联络不上"圣胡安号"。一位参加演习的海军军官事后告诉美国广播公司的记者说："在演习中潜艇不让人瞧见真是一种能耐，可一旦演习结束，我们仍然瞧不见它们，那么就可能有麻烦了！"

当夜幕降临的时候，"企业号"航母战斗群多艘水面战舰不约而同地看到，"圣胡安号"活动的海域闪过一道耀眼的红光，这是潜艇遭遇特大麻烦或者沉没危险时约定的求助信号！

航母出动发出国际呼救

美海军潜艇司令部司令立即给海军作战部长麦克·穆伦上将打电话。穆伦上将一边往部长办公室赶，一边用加密电话向国防部长盖茨汇报"圣胡安号"长时间联络不上的情况，并要盖茨"做可能最坏的准备"。

从睡梦中被唤起来的盖茨一下子就被惊醒了，一边给海军下达扩大搜救行动规模的命令，一边紧急联络白宫。美国国家安全顾问哈德雷迅速召集7名助手赶到白宫地下的紧急情况室，要求他们赶紧做向布什总统汇报不幸事件的准备。

此时的杰克逊维尔海域上一派繁忙："企业号"航母战斗群所有的水面舰只、潜艇和舰载搜寻与救援飞机均进入"一级战备"状态，对"圣胡安号"可能作业的海域展开拉网式的搜寻。

美国海军作战部还立即电告驻诺福克的"国际潜艇逃生与救援联络办公室"，要求后者提供紧急支援。同时，英国皇家海军

和日本海上自卫队的潜艇救援专家在30分钟内均抵达机场，登上了已经等候在那里的军用运输机。

意外恢复联络疑云丛生

14日凌晨5时，"圣胡安号"与外界奇迹般地恢复了联络，告知潜艇和官兵一切安好。据美国海军潜艇司令部发言人克里斯·罗德曼中校表示："'圣胡安号'眼下运行正常……他们不知道自己错过了联络时间……没有发生机械故障。"

美国军方高度重视这起事件，潜艇司令部表示，他们一定要查清是什么导致潜艇错过联络时间，是什么造成各方误判潜艇沉没。潜艇大西洋司令部司令则表示，他准备彻查此事，好从中吸取经验与教训。五角大楼则表示，一定要查清一艘核潜艇怎么会跟外界中断联络长达10个小时。

事实上，这起事件真相扑朔迷离，美国媒体和军事观察家认为至少有三大谜团令外界感到困惑：究竟是谁发射了神秘的红色信号弹？核潜艇上的140名官兵怎么可能错过既定的联络时间长达10个小时呢？在失踪的10个小时里潜艇上都发生了什么？

又是神秘的百慕大

"圣胡安号"潜艇活动的水域邻近赫赫有名的百慕大三角区。此次"圣胡安号"活动海域虽说不在百慕大内，但因为邻近，再次令人们联想起1945年12月5日那场可怕的事故。

1945年12月5日，美军6架战机接连在百慕大被神秘吞噬，27名官兵至今下落不明，这起悲剧成了"百慕大魔鬼三角"中最为人津津乐道的故事，科学家至今无法作出解释。

　　而在过去一个世纪以来，有关百慕大的各种奇怪现象更是层出不穷，至今已有上百架飞机和船只在百慕大海域神秘失踪。"圣胡安号"失踪和百慕大的联想是否有道理？

拓 展 阅 读

　　1942年7月，美国军队"银汉鱼号"潜艇在美国阿拉斯加州西部白令海中巡逻时，突然神秘失踪，船上70名船员全都下落不明，美国军队"银汉鱼号"失踪事件成了第二次世界大战美军最大的谜团之一。

魔鬼海域巨轮失踪之谜

幽深的蓝色墓穴

千百年来，在人们的内心深处，潜藏着对浩瀚海洋的畏惧。尽管人类进入文明社会后有无数的船只航行在大洋之上，但直至今天仍然有海域令航海者们谈之色变。

在这里，船只神秘失踪，潜艇一去不回，飞机空中消失，它们被称为"最接近死亡的魔鬼海域"和"幽深的蓝色墓穴"。2007年

4月18日，澳大利亚海岸又出现了一起神秘事件。

澳大利亚海岸惊现"幽灵船"

2007年4月18日，澳大利亚海岸巡逻飞机在昆士兰州附近海域发现了一艘"幽灵船"，尽管这艘豪华游艇上设备齐全，发动机在工作，电脑在运行，饭菜也摆上了餐桌，但船上却空无一人。

由于飞行员无法通过无线电和游艇进行任何联络，于是4月19日，澳大利亚警方派出了一架救援直升机赶到现场，让一名救援人员通过绳索降落到了游艇上。

调查发现，这艘游艇的主人是佩思市56岁的男子德里克·巴顿、69岁的彼得·顿斯泰德和63岁的詹姆斯·顿斯泰德兄弟。3人上周才买下了这艘12米长的"卡

兹2号"双体船，并于4月15日开始从北昆士兰艾尔利海滩起航，
计划向北航行，绕到澳洲大陆的另一面去观光。

　　然而，3名船员却仿佛从空气中突然消失了，救援直升机飞行
员特里弗·威尔逊说："就好像3名船员遭遇了突发事故，全都匆
匆离船了一样。"

　　据救援人员称，游艇上除了一块帆布被撕成几片外，其他每
样东西看起来都很正常，不但发动机仍在工作，并且海事无线
电、卫星导航系统都处于打开的状态，甚至连3人的手机、皮夹都
原封不动地摆在桌子上。

　　船上的紧急救援设备，包括救生衣和紧急定位焰火，仍然
都完好无损地摆放在原来的位置，而一只小救生艇仍然被捆扎
在船壳上。

调查人员正在考虑，3人的失踪是否和恶劣的海洋天气有关，但澳大利亚气象局预报员格雷格·康诺却排除了3人被怪异海浪刮下游艇的可能性。调查此案的警察局长罗伊·沃尔说："周日和周一的天气都很好，可以说一路顺风，谁知道他们身上发生了什么事？这真的是一个谜。"

幽灵船百年谜团

自20世纪40年代以来，无数巨轮在清冷的海面上神秘失踪，它们中的大多数在失踪前没有能发出求救讯号，也没有任何线索可以解答它们失踪后的相关命运。

大西洋的百慕大三角早已是举世皆知的神秘海域，神秘失踪的飞机和航船不计其数。无独有偶，在太平洋也有个危险海

域，被称为"天龙三角"，无数过往的船只到此就莫名其妙地消失了。

失踪事件是经常发生的。但大都能解释，大都有结果。但有一种失踪却很神秘，不可思议，没有原因，没有踪迹，现代科学无法解释。

连续不断的神秘失踪事件引发了人们的好奇，科学工作者们开始以不同的方式试图去揭开魔鬼海之谜。

是黑洞吞噬了人吗

位于旧金山的加州大学简·林德赛特教授表示，这些人的失踪与所谓的黑洞有关。地球上的时空周期性地发生变化，整个城市处于完全不同的四度空间，有时甚至"被踢出去"。

地球上有很多这样的黑洞，人们经常会莫名其妙地遭遇它们。但是，林德赛特教授说："物体不可能穿越时空，因此，我们可以发现失踪者的物品留在了原地。"

据了解，黑洞是指天体中那些晚期恒星所具有的高磁场超密度的聚吸现象。它虽看不见，却能吞噬一切物质。不少学者指出，出现在百慕大三角区机船不留痕迹的失踪事件，颇似宇宙黑洞的现象，舍此便难以解释它何以刹那间消失得无影无踪。

黑洞，实际上是一团质量很大的物质，其引力极大，形成一个深井。它是由质量和密度极大的恒星不断坍缩而形成的，当恒星内部的物质核心发生极不稳定的变化之后会形成一个称为"奇点"的孤立点。

它会将一切进入视界的物质吸入，任何东西不能从那里逃脱出来。它没有具体形状，人们也无法看见它，只能根据周围行星的走向来判断它的存在。

黑洞是科学史上极为罕见的情形之一，在没有任何观测到的证据证明其理论是正确的情形下，作为数学的模型被发展到非常详尽的地步。黑洞无疑是本世纪最具有挑战性，也最让人激动的天文学说之一。许多科学家正在为揭开它的神秘面纱而辛勤工作着，新的理论也不断地提出。

纵观历史，2000年来共有100多万艘船只长眠在这片深蓝色的水下，平均每14海里便有一艘沉船，它说明海洋无愧是地球上最

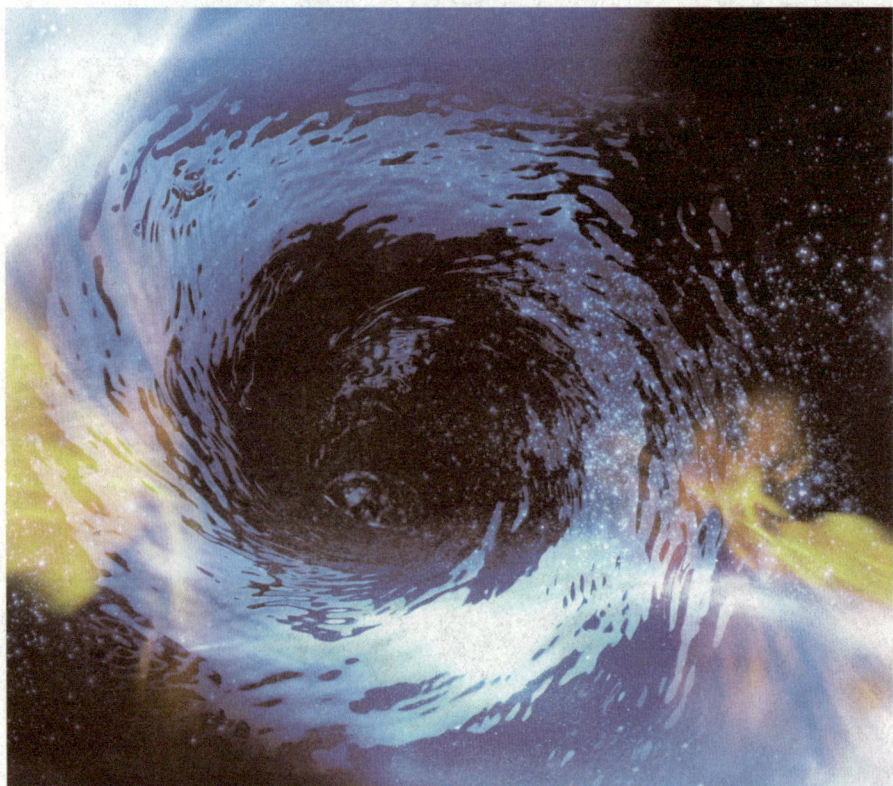

神秘莫测的生存地狱。

迄今为止，人们依然无法知道在浩瀚的大洋之下，到底还隐藏着多少秘密等待着人们去探索、发现。

拓 展 阅 读

　　古希腊人认为，大批的人之所以突然消失，是因为得罪了海神普罗特斯。普罗特斯一般都在海底沉睡，每50年出现用一次餐。他通过爆发的火山来到人世间，可以变换成任何形象出现。因此，人们必须向他供奉几百名处女，放在火山口供他食用。然后这些处女就会不留痕迹地神秘消失，留下的只有她们身上的镣铐。

图书在版编目（CIP）数据

找不回来的行踪 / 王连河编著. -- 长春 ：吉林
出版集团股份有限公司，2013.10
（图解地球科普 / 张德荣主编. 第2辑）
ISBN.978-7-5534-3218-2

Ⅰ．①找… Ⅱ．①王… Ⅲ．①探险－世界－青年读物
②探险－世界－少年读物 Ⅳ．①N81-49

中国版本图书馆CIP数据核字(2013)第228050号

找不回来的行踪

王连河　编著

出 版 人	齐　郁
责任编辑	朱万军
封面设计	大华文苑（北京）图书有限公司
版式设计	大华文苑（北京）图书有限公司
法律顾问	刘　畅
出　　版	吉林出版集团股份有限公司
发　　行	吉林出版集团青少年书刊发行有限公司
地　　址	长春市福祉大路5788号
邮政编码	130118
电　　话	0431-81629800
传　　真	0431-81629812
印　　刷	三河市嵩川印刷有限公司
版　　次	2013年10月第1版
印　　次	2020年5月第3次印刷
字　　数	118千字
开　　本	710mm×1000mm　1/16
印　　张	10
书　　号	ISBN 978-7-5534-3218-2
定　　价	36.00元